유사과학 탐구영역

유사과학 탐구영역

글·그림 계란계란

3

뿌리와
이파리

• **차례** •

유사과학 탐구영역

41. 블루솔라워터

이 만화는 특정 기업이나 상품을 특정하여 서술하거나 묘사하지 않습니다.

미래를 나타내는 타로카드 위치….

여기에 나온 카드는 '죽음', 그것도 역방향이야.

거꾸로 나왔다는 건 좋은 뜻으로 봐도 되겠네요?

아니지, 타로카드는 그렇게 단순히 해석하는 게 아냐.

상징, 표식, 그리고 앞뒤 맥락을 고려해야지.

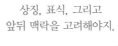

여기서 '죽음'은 저항할 수 없는 파괴와 변화를 뜻하지만, 역방향은 그것이 일어나지 않는다. 즉…

네 노력과 관계없이 사람들은 여전히 주술적·신화적인 자연관에서 벗어나지 못하고 장사꾼들의 상술에 놀아날 것이며,

넌 영원히 고통받는다는 뜻이야.

이젠 뭐
특별한 물도 아니고,
그냥 빛을 쏘이는 걸로
뭔가 달라진다고?

야~ 물장사 네버 체인지네!
영원한 베스트셀러여!
김선달도 울고 가겠구만!!

…좀
보여다오.

여기.

어디보자….

고대 젊음의 샘물부터
유럽의 신비한 탄산노천,
우리나라도 바다에서 솟는 민물이나
폭포수를 포장한 단물까지
유서 깊은 장사 아니냐.

차라리 아주
판타지로 나가면 모르겠는데,
요즘은 과학이 어쩌네 하면서
해괴망측하게 팔아제끼니
더 문제입니다.

나야 뭐, 애당초 과학 전공도 아니고

신화·전설 같은 기록 문헌이 전공이니까, 이런 걸 봐도 별 생각이 안 드니…

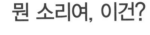

뭔 소리여, 이건?

?

'블루'솔라워터?

블루솔라워터!

푸른 빛에 물 분자가 가장 민감하게 반응하여 조화로운 육각형을 띠고 인체에 이로운 파장을 전달해, 건강 회복과 스트레스 정화에 아주 탁월한 효과를 발휘합니다! 푸른 빛의 파동은 마음에 쌓인 나쁜 기억과 해로운 기운을 정화하며, 태양신경총을 자극하여 신체 기능을 회복시킵니다.

예로부터 널리 쓰이던 블루솔라워터!

여러 나라에서는 푸른 파동을 생활에서 다양하게 활용해왔습니다. 이집트에서는 푸른 물병에 우유를 담았고, 인도에서도 푸른 빛을 투과한 음식을 약으로 활용했죠. 현대에 들어서도 여러 가지 연구가 진행되고 있습니다!

- 효능 -
혈액순환의 활성화로 수족냉증, 신경통, 빈혈, 무기력감 개선
임파선염 및 가래를 없애고 천식, 기침, 신장염, 대장염, 복통 개선
태양신경총 지배 부위를 자극하여 비장, 위장, 간, 췌장, 신장 기능 활성화

13

솔직히 이런 오컬트는
존재를 증명할 수 없는 개념을
중심으로 성립됐으니….

견해의 차이를 실험으로 검증해
좁혀가는 과학과는 다르게,
딱히 어느 쪽이 맞다고 하긴
뭐하지.

하지만 그렇다고 이놈 저놈
전부 인정해버리면,
권위가 생명인 주술이나 신앙이
유지될 수 있겠냐?

전부 자기가 제사장이나
신관을 한다고 난리쳤을 것이고,
그러면 계급과 체계가 유지될 수
없었겠지!

계급 변동을 극도로 꺼렸던
고대 사회에서는
주술적 체계에도 아주 확고한
기준을 세워놨어요!

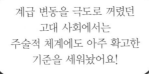

지위를 혈통으로 계승하거나,
복잡하고 방대한 신화 체계를
경전에 담기도 했지.

과거에 먼저 세워진
신화 체계는 신성불가침의 권위를
가지고, 함부로 수정하거나
덧붙일 수 없는 완결성을
지니게 된다고.

그리고 이를
엄숙하고 철저하게 준수해서
제사장이나 신관 계급은 정통성과
권위를 확립하지.

쉽게 말해,
먼저 정해진 게 법이니
무조건 옛날 걸 따라야 한다!

특히 색깔에는 고대부터
상당히 자세하게 주술적·상징적인
의미가 정해졌다고.

계급 사이의 의복 색상이나
국가의 상징색 문제 등 정치와도
밀접하게 관련됐으니까.

그런데 파란색은
동서양을 막론하고 그렇게
상서로운 색깔이 아니야!

그… 그래요?

그래!

동양에서 청색은 그다지
좋은 의미로 쓰이질 못 했지.
『논어』에서 공자는 "군자는
감색(짙은 청색)과 추색(검붉은색)으로
꾸미지 않는다"고 했고,

한나라에 들어서
기원전 13년에 내린 조칙에선
청색과 녹색을 백성이 입는
복색이라 정했고.

서진 말기에 사마치가 흉노왕 유총에게
포로로 잡히자, 유총이 연회석상에서
사마치에게 청색 옷을 입혀
술을 따르게 하는 방법으로 모욕하기도 했지
'천하고 낮은' 색이었던 거야.

그래서 고위급 관직의 의복에는
주로 적색이나 황색을 쓰고,
상대적으로 낮은 관직에는
푸른색을 쓰곤 했다고.

주로 서민·하인 계급,
그리고 아직 관직에
진출하지 못한 학생들에게도
청색이 많이 쓰였지.

'청의동자'라는 말도 아직 미숙하고 어린 학생을 뜻하죠.

특히 임용시험을
봐야 하는 너희는
옛날로 치면 과거시험을
봐야 하는 학생인데,

청나라에서는
과거시험의 결과를
발표할 때,

생물교육과

?

영광스러운 합격자들의 이름은
금색 종이인 금방(金榜)에 적고
불합격자들은 파란색 종이인
남방(藍榜)에 적었다는 데서 보이듯이…,

푸른색은
불합격의 아이콘이기도
하다고.

오싹

야, 블루솔라워터 마시면
시험 떨어진다.

덜덜덜

그 외에도
비극이나 슬픈 사랑을
뜻하는 데다가,

시체를 연상시키므로
죽음을 의미하기도 해서
도저히 상서롭지는 않았단 말이지.

한밤중에 달빛을 너무 많이 받으면 저주를 받아 늑대인간이 된다거나,

시신을 빨리 매장하지 않고 버려두어 달빛을 쐬게 하면 뱀파이어로 다시 살아난다는 둥.

생각해보니 얼라 놈들도 파란색이네.

For the HORDE!

온갖 사악한 전설은 죄다 달의 푸른 빛을 원인으로 몰아넣는데,

어쨌든 동서양을 통틀어 파란색이 재생과 정화, 치유랑은 그닥 인연이 없지.

오히려 이미지를 생각해보면, 블루솔라워터는 저주받은 물이겠다.

그럼…

블루솔라워터는 몸에 더 안 좋은 거예요?

아니, 그건 상징이 그렇다는 거고.

아~

근데 그냥 맹물에
빛을 쐬는 정도로 효능이 생기고
병이 막 낫고 그럴 거면,

세상천지에 의사는
왜 있으며 약은
뭐하러 만들겠냐?

고작 그 정도로 효능이 생길 것 같으면,
지금 모든 물병은 파란색이 됐겠지.
맹물은 맹물일 뿐이고,
사람의 몸을 무작정 좋게 해주는
에너지 같은 건 없어!

미신이랑 현실을
구분 못하면 안 되지!

……

블루솔라워터?
그렇게 특별하다면 대량생산돼서
모두가 쓰고 있었겠지.

유사과학 탐구영역

42. 청국장 유산균

이 만화는 특정 기업이나 상품을 특정하여 서술하거나 묘사하지 않습니다.

짹 짹 짹…

이제 실험은 일단락된 거죠?

전 그럼 들어가볼게요….

그래, 수고했다….

으아… 장장 3일 만에 집에 들어가는구먼.

이런 새벽에….

마침 택시가
있긴 있네.

끼익—

안녕하세요~,
학교 앞 원룸촌…

아니다.
뭘 먹고 들어가든가 해야지.
먹자골목으로 가주세요.

예이.

…

아니…,
지금 새벽 다섯 시 반인데
뭘 먹지?

뼈다귀해장국?
그건 요즘 너무 먹어서
질리는데….

야식으로 먹고,
아침으로 먹고,
저녁으로 먹고.

근데 달리
하는 가게가 있나?

좀 쿰쿰한 냄새가
나지만, 그게 되려 식욕을 땡기는
청국장을 한 큰술 풀어서…,

멸치랑 다시마로
우려낸 육수에 애호박이랑
두부를 넣어 끓이면
감칠맛이 듬뿍 담긴
국물이 스며들고…,

음?

그러다 청양고추를
조금 썰어서 넣어주면
칼칼한 그 매운맛이 텁텁한 뒷맛을
말끔하게 정리해줄 것인데….

우다다다다

24

…그렇지.
청국장은 예나 지금이나 그대로인데,
변하는 건 세상이고 사람들이지.

?

청국장 백반 하나 주게나.

저도요.

예～.

음?

이건 또
뭔….

- 기적의 식품 청국장의 효능 -

1. 청국장 1그램에는 유산균이 10억 마리나 들어 있어 장 건강을 개선합니다!

2. 수많은 이로운 균과 나토키나제를 비롯한 유용한 효소가 들어 있어
혈관을 건강하게 하고 질병예방 효과가 탁월합니다!

3. 콜린, 레시틴 등 유용한 성분이 들어 있어 지방과
노폐물을 흡수·배출하여 강력한 다이어트 효과를 발휘합니다!

4. 각종 미네랄, 비타민이 풍부하여 신진대사를 활성화합니다!

알코올 발효가 일어나는 막걸리에도
유산균이 잔뜩 있다고 그러는데,
뭐 어떻습니까. 까짓거 청국장에도
유산균 들어 있다 그러면 되지.

어차피 사람들은
전문가의 말이라면
콩으로 메주를 쑨다고 해도
믿을 텐데.

아니,
아무리 그래도….

음?

…?

…잠깐, 그럼 메주를
콩으로 쑤지 뭘로 쒀요?

청국장을 유산균으로 띄운다
그러더니, 이젠 아예
원재료까지 헷갈리죠?

어…?

그 속담이라면
팥 아니여?
'팥으로 메주를 쑨다고 해도
믿는다.'

어? 부정의 뜻으로 쓰는
속담 아니었어요? '콩으로
메주를 쑨다고 해도 안 믿는다'
아닌가?

혼

란

팥 들어가는 것 같은데,
아무 말이나 하면
다 믿는다는 뜻 아니야?

…뭐,
그 속담은
됐다 치고.

무슨 기적의 효능이네
유산균이네, 나라고 좋아서
균세탁(?) 같은 걸 하는 게
아니에요.

우리 집은 50년 전통의
손맛으로 호평이
자자했는데,

갑자기 무슨 웰빙 붐이 일면서
거짓말이래도 효능을 잔뜩 내세우는
집으로만 손님이 쏠려
망할 뻔했단 말입니다.

에헤이,
아니라니까 또 그러네.

그때 네가 가게 물려받으면서,
청국장 냄새가 싫다고 무슨
냄새 안 나는 개량균?
그런 걸로 장을 띄운다고 했잖어.

그때 그 청국장 맛이 워낙 밍밍해서 그랬던 거라니까.

다시 옛날식으로 담궈서 맛 돌아오니까 사람들도 다시 찾아오는 거지, 무슨….

사람들이 다 바보여? 효능 보고 오네, 안 오네 하게. 손님들은 정직한 거여. 식당은 맛이 전부라니께?

어휴, 장사가 옛날처럼 맛만 좋으면 다가 아녀요. 어머니.

음식은 정성 하나뿐이여~.

기력도 없으신데, 알아서 할 테니 들어가 쉬시라니까….

아무튼.

……

난 그때 우리 앞에 새로 생긴 잘 나가던 콩나물국밥 가게에 찾아가봤지.

다소 과장하더라도 청국장의 효능을 적극 홍보하지 않으면 대중의 선택을 받을 수 없다는 말이지.

내가 말하는 식으로 써 붙이면 될 거요.

가게도 요즘 사람들 취향에 맞게 깔끔하게 손보고.

예에….

우선,

청국장은 아미노산이 풍부한 발효식품으로, 신진대사를 촉진하고 항암 효과를 나타내고 피부 노화를 방지합니다.

…아미노산이 많긴 한데, 웬 항암 효과에 미용 효과?

또한 비타민과 미네랄이 많아 신체 기능을 활성화하고 면역력을 증강합니다.

비타민과 미네랄은 없으면 안 되는 필수영양소일 뿐 그게 추가로 신체 기능을 향상시키지도 않거니와, 면역력?

면역력이 강해진다는 게 무슨 말이지? 자가면역질환?

나토키나제를 비롯한
수많은 효소를 몸에 공급하여
혈압을 떨어뜨리고 혈관 건강을
개선합니다.

효소를
먹는다고 해도,
기본적으로 그런 단백질은
전부 분해될 텐데.

나토키나제는 고농도로 농축하여
알약의 형태로 먹기도 하지만,
여전히 의약품이 아닌 건강보조식품에
머무르고 있다.

더욱이 청국장은
1그램에 10억 마리가 넘는
유산균이 있어
장 건강을….

뺑튀기도
너무 심하다 싶은데,
아예 거짓말을 하면
어떻게 합니까?

아니,
아니 잠깐….

청국장을 띄우는
고초균은 유산균이랑 전혀
관계없는 데다가 몸에서 딱히
쓰이지도 않는데!

발효식품의 장점은
균 자체가 아니라 균이 분해한
양질의 단백질 성분에
있잖아요?!

그렇게 똑똑한 친구가
가게는 왜 이 모양으로
파리만 날리게 만들었나?

장사라는 걸
전혀 모르는구먼!

장사는 진실을 알리기보다
소비자가 듣고 싶은 말을
해주는 게 더 중요하다네!

소비자야 청국장에
고초균이 들었는지 유산균이 들었는지
알 게 뭔가? 그냥 건강에 좋은
뭔가가 있기만 하면 된다고
생각한다고!

......

맛을 아는 손님이면
이 집으로 왔을 테고, 그저
효능이라면 무조건 좋다는
손님들은 저 앞집으로
갔을 텐데,

어느 쪽에
손님이 많던가?

!!

그때 이 노인께서
나의 어두운 눈을
터주신 거지.

가게가 혼자
잘난 듯이 맞는 말을
떠들어서 뭐합니까?
손님이 법인데.

진실을 원하는 손님이 많다면
진실을 팔겠지만,
거짓말이라도 기막힌 효능을
찾는 손님이 더 많으니
우리도 어쩔 수가 없습니다~.

먹고는
살아야 하니까.

음….

이제 알겠나?
바뀐 건 청국장이 아냐.
청국장을 대하는 사람들의
자세라는 말일세.

하….
이렇게 맛있는 청국장에도
없는 효능을 따지다니…,

영 씁쓸하네요.

씁쓸해?!

유사과학 탐구영역

43. 명상호흡과 생명전자

이 만화는 특정 기업이나 상품을 특정하여 서술하거나 묘사하지 않습니다.

생명활동의 근원인 호흡.
호흡이야말로 생물에게
가장 중요한 활동이라고
할 수 있죠.

또
무슨 말을
하려고 그러는가….

올바른 호흡법을 익히면
몸이 그 기능을 더욱
잘 발휘할 수 있어요!

정신활동을 담당하는 뇌는
현대 과학으로도 밝혀진 게
거의 없는 신비한 기관이죠.

아니…, 웬만큼
밝혀졌다고 보는데.

설마
뇌호흡….

올바른 호흡과 명상은
잠들어 사용되지 않는
뇌의 영역을 자극하고,

좌뇌와 우뇌를 균형 있게
발전시켜 숨겨진 잠재력을
일깨울 수 있대요!

끄… 끝까지
일단 들어나보자.

그렇게 뇌의 주파수가
우주 본연의 파동과 일치할 때,
우리 몸속의 '생명전자'가
활성화된대요!

생명전자란 만물을 생성하는
우주의 근원 에너지로,
우리 몸과 마음을 연결하죠.
뇌가 몸을 제어할 때 미량의
생체 전기를 이용하는데,
바로 그게 생명전자의 발현이래요.

우주 중심에 있으며
생명전자의 근원인 태양을
의식하면서 명상과
교육을 거치면,

우리 몸속에 잠든
에너지가 깨어나
더 건강하고 질 높은 삶을
살 수 있다고 하네요!

......

좋은 에너지를 끌어당기고…,
우울증이 사라지고…,
자연치유력이 향상되고…,
몸에 활력이 생기고…,

그렇다는대요.
뭔가 효능 부분에서
쎄하긴 하네요.

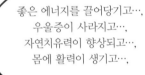

아니! 호흡이 엄청나게
흐트러지셨네요!

아주
안 좋아.

누구 덕분에
말이다.

호흡이 불규칙적이면
안 좋다던데….

묻어가기 쉽잖아,
적당히 전문적으로
보이고.

......

아무튼 이런
신비한 수련법으로
생활의 질을 바꿀 수
있다는 말은

그냥 주장일 뿐이지
근거가 있는
사실이 아니야.

오호.

야, 화석들 보면
왠지 시대에 따라
일정한 방향으로 생명체에
변화가 나타나는 것 같지 않냐?

내 생각엔 특정 기관을
쓰면 쓸수록 더 발달하는 식으로
변하는 것 같아.

그렇긴 한데…,
어떻게?

그런가?

기린 봐봐.
점점 모가지 뻗다가
정말로 길어진 거임.

현상을 연구해서
법칙을 찾고 이론을 만들어내지.
이 이론에 따라 다시 새로운 현상을
예측할 수 있어.

그리고 그 이론을 부정하는
새로운 현상이 나타나면(반증),
새로운 근거를 바탕으로
새로운 이론이 생겨나지.

아닙니다, 슨배님!!
모가지를 뻗어서 길어진 게 아니라,
모가지 짧은 놈들이 죽고 긴 놈들끼리만
교배해서 살아남은 거랍니다!!

아니, 아무리 까봐도
전자의 위치랑 속도를
둘 다 정확히
알 수는 없다고?

짝!

그 이론은 이제
휴지 조각입니다!

신이
주사위 놀이라도
한대냐?

진화의 메커니즘이 새로 밝혀졌다는 말이지(이론),
진화를 하지 않는다는 말이 아니다(현상).

귀신 곡하는 소리기는 한데,
실험 결과를 보면 정말로
주사위 놀이를
하는 것 같습니다, 선배님….

야, 아인슈타인은
지가 뭔데 신께 주사위 놀이를
해라 마라야? 주사위 도로
돌려드리라 그래!

닐스 보어

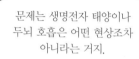

문제는 생명전자 태양이나
두뇌 호흡은 어떤 현상조차
아니라는 거지.

실제로
자연에 있는 게 아니라
그저 관념일 뿐이야.

부적 태운
물을 마시면
병이 낫는다.

그러나 믿음이 부족한 자,
죄가 깊은 자는 낫지 않는다.

실제 생명전자나
우주 에너지를 관측하고
증명할 수 있는지 물어보면,

그것은 관측 가능한 물질적
존재가 아니라 정신과 영혼에
작용하는 무언가라고 말하거나,

증명보다는 느끼고 수련하는 게
더 중요하다고 말할 뿐이지.

시험…

"시험할 수 없는 주장과
반증에 면역이 된 주장은,
아무리 우리를 고무시키고
경이로움을 느끼게 하는 가치가 있더라도,
진실로 쓸모없도다."
—칼 세이건

과학적 이론을
부정하는 방법은 굉장히 간단해.
반증, 즉 그 이론에 맞지 않는
현상이나 근거를 제시하면 되지.

그런데 그런 신비주의는
애당초 근거 위에 서 있지 않기 때문에,
반증도 불가능하지.

오로지 영적이고,
진실이며, 위대한 지혜기 때문에
맹목적으로 따라야 한다고
주장할 뿐.

자연현상을 그저
신비한 대상으로
두고 숭배하는 것과,

경외로 그치지 않고
나아가 탐구하고 깨닫는 것,
둘 중 어디에 인간의 본성이
있다고 생각하냐?

옛날 사람들은
벼락을 신의 노여움이라며
두려워하고 숭배했지만,

이윽고 벼락에다가
연을 날리며 그 본질이
전자의 흐름이라는 걸
알아냈어.

그리고 인위적으로
전기를 만들어 어둠을 밝히고
정보화사회를 이룩하는
발판을 만들었지.

호기심이야말로
인간의 본성인데,
신비주의는 그것을 차단하지.
탐구는 신을 모독하는 행위이며
권위에 복종해야 한다고
말할 뿐이라고.

대신에
돈이 되잖아~.

신비주의나 명상 자체가
나쁘다는 게 아냐.

명상은 생각을 정리하고
마음을 비우게 해주고,

종교는 개인의 삶을
풍요롭게 만들면서
사회의 도덕을 수립하고
공동체가 지향할 가치를
제시하기도 하지.

그런데 더 나아가 사실을
파악하고 의학적 효능을
말하고자 한다면,
당연히 검증을 피해서는 안 된다고.

…뭐, 어쨌든.
아까 그 전단지에서는 우주의 근원에서
순수한 치유와 창조의 힘이 나온다는데,
난 도저히 그 말에
동의할 수가 없구먼.

이 넓디넓은 우주에
생명체가 사는…, 아니 살 만한
행성조차 지구 외에는 아직
한 개도 발견되지 않았고,

우주는 까딱 잘못하면
항성계 서너 개는
심심치 않게 쓸려나가는
파괴와 죽음의 공간인데….

50

별이 폭발하는 초신성이나 블랙홀이 용트림하면서 뿜어내는 제트는 상상조차 할 수 없는 파괴적인 에너지로 주변 수천 광년 거리의 모든 걸 초토화시키는데,

그게 재수 없어서 우리은하 쪽을 향한다? 그러면 생명전자고 나발이고 그냥 한순간에 지구는 우주의 먼지로 사라져버릴 거야.

이래도 인간을 위해주는 따스한 우주입니까??

예…?!

"전 제가 공격적인 신비주의자라고 생각합니다. 제가 잘 알지 못하는 어떤 것들에 대해 전적으로 확신하기 때문이죠."
―롭 벨

유사과학 탐구영역

44. 공포의 계면활성제

……

소듐라우릴설페이트…?
그게 엄청 쉽게 흡수돼
핏줄을 타고 돌면서 피부랑 조직에
축적된다더라.

유방암 수술을 하는데
암 조직에서 샴푸 냄새가
났다는 말까지 있던데.

무슨 TV 프로그램에서는
같은 양의 합성 계면활성제랑
천연 계면활성제를 각각 수조에 넣고
실험했더니, 합성을 넣은 수조에서만
금붕어가 몰살했어.

게다가 원래 두피가
흡수를 엄청 잘 하는데,
뜨거운 물로 샴푸하면
흡수율이 훨씬 높아진다면서?

화학 성분들이
온몸을 도는 데
30초밖에 안 걸린다더라.

그런 얘기를 들으니
영 꺼림칙해서 원….

부―
부―

내가 들고 올까?

괜찮.

그래도 요즘 워낙
사건이 많아서, 뭔가 복잡한
화학물질의 이름을 들으면
꺼림칙한 기분부터 드는지라….

대량생산/소비사회에선
안전기준이나 품질관리에
문제가 생기면 항상
큰 사건으로 이어졌지.

대표적으로 석면이
편하게 많이 사용됐다가
치명적인 독성이 드러나
큰 문제가 됐어.

세척용 살균제를
가습기에 넣어 사람이 직접
흡입하게 만들었던
초유의 사태도 있었고.

어차피 수돗물이 알아서
세균 번식을 막는데도
가습기 세균의 위험성을 부풀린,
공포 마케팅을 동원한
추악하고 끔찍한 사건이었다.

그런 사고가 발생하면
엄청나게 피해가 커지고
사회가 발칵 뒤집어지지. 그런데 이번에
논란이 되는 합성 계면활성제,
소듐라우릴설페이트…

그걸로 뭔가 크게
사건이 일어난 적은?

어…

나쁘다고는 하던데….

소듐라우릴설페이트는
70년대에 대량생산이 시작된 이후,
지금껏 안전성 검사를
여러 번 거쳐왔지.

이미 1983년 미국 화장품
원료 평가 보고서에서는
발암성이 전혀 없다는
결과가 나왔고,

2005년의 검사에서도 마찬가지.
미국에서는 식품에도 사용되는데,
적정 농도 이하로 먹으면
어떠한 발암성도 나타나지 않는다는
결과가 나왔어.

결정적으로 40년 가깝게
사용되는 지금까지
소듐라우릴설페이트에 의한 사고는
보고된 바가 없다고.

흡수되지도 않을 뿐더러
조직에 축적되지도 않는다.
암 조직에서 샴푸 냄새가 났다는 이야기는
출처 분명의 루머.

금붕어 실험은 설계가 잘못됐어.
계면활성제 자체가 아가미 호흡을
방해하는데,
공평하게 실험하려면 활성도가 낮은
'천연' 계면활성제를 더 많이 넣었어야지.

세척용으로 쓴다면
같은 활성도를 기준으로
해야 하니까.

아니, 오히려
안정성이 검증되지 않은
천연 쪽이야말로 위험하지 않나?
어떻게 그게 안전하다고 확신할 수
있는 건지….

순수하게 '천연 성분'만 사용하는
모 화장품 브랜드의 제품에선 오히려
피부에 가해지는 자극이 훨씬
큰 것으로 나타났다.

특히 건강장사꾼들이
생쥐의 피부에 계면활성제 성분을
바른 실험을 걸고넘어지는데,
실험에서는 각각 60퍼센트, 30퍼센트,
9퍼센트 등 다양한 농도의 용액을
바른 다음 65일간 관찰했어.

13~15일이 넘어가면서
60퍼센트의 용액을 바른 쥐들은
심각한 염증 반응을 일으켰고,
30퍼센트를 바른 쥐들은 2주 후
가벼운 염증을 보였어. 9퍼센트 이하의
쥐들에게는 별 영향이 없었고.

이건 계면활성제가 피부의 지질을 제거하기 때문인데, 애당초 샴푸에는 큰 자극을 주지 않는 농도로만 사용하지.

…그래도 걱정되면 샴푸한 다음에 2주 동안 방치하지 말고 꼭 헹궈줘라.

그… 그런데 합성샴푸는 헹궈도 전부 씻겨나가지 않고 두피에 남는다던데….

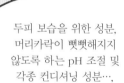

그야 남지, 비누가 아닌 이상에야.

두피 보습을 위한 성분, 머리카락이 뻣뻣해지지 않도록 하는 pH 조절 및 각종 컨디셔닝 성분…,

그 잔여 성분 때문에 돈 주고 샴푸 쓰는 거라고.

다른 건 몰라도 가성비 하나는 끝장남(머릿결도 끝장남).

유사과학 탐구영역

45. MSG

학교 내 부설
공동 야영장

그냥 간판만 캠핑 동아리로
걸어두고 절대 여행 따위
안 다니는 우리가 왜 이렇게

거지꼴을 하고 야외에서
밥을 짓고 있는가 하면…,

방학이기 때문이다.

66

그야 방학이 되면
다들 집에 가지만…,

방학했으니
시간도 많을 텐데,
딱 3일만 교수님 연구
도와주고 가라~.

그러지 못하는
사람들도 있는 법이다.

인질

철컥

학점

……

문제는 학생 대부분이
빠지는 방학에는 학생식당도
논다는 것인데,

집에도 못 가는 녀석들
굶든 말든 우리가
무슨 상관이랍니까?

학생식당

게다가 학교 근처에서
불철주야 장사하던 상점들도
덩달아 다 쉰다.

방학인데
우리도 쉬어야지!!

오히려 굶는 꼴을
꼭 봐야만 하겠는걸??

일부 학생들이 기숙사에
돌아오는 계절학기가 되어야
식당들도 다시 영업을
시작하기 때문에,

쉽니다
-개강후가-

그때까지 1주일 정도는
동아리실 냉장고에 비축해둔
식재료로 버텨야만 하는 것이다.

그러니까 이런 모습으로
강제 야영을 하게 됐다.

치이이이~

고기랑 양파를
적당히 볶다가~

살짝 익기 시작하면~.

이제 육수를 부어서
끓이는 건가요?

육수가 있으면
육수를 붓겠지만…,

우린 그냥
맹물 붓는다.

…!!

괜찮나요?

우린… 요리를
하고 있는 게 아니야.
생존을 하고
있는 거다….

달다 쓰다
가릴 처지가 안 된다.

냄비는 끓게 놔두고,
다른 그릇에다가…

고춧가루, 간장,
매실청, 참기름으로
양념장을 만들어서

뭉근하게
끓여주고~.

겉보기엔 그럭저럭
먹음직스러운
때깔이긴 한데….

…그래?

멈칫

MSG가 뭐가
그렇게 안 좋은지,
나도 좀 가르쳐주라.

어…

화학…

공장…
나쁜 거….

막 실험실에서
합성하는…
인공적인 물질
아닌가요?

맨 처음 MSG는 다시마에서 추출해서 만들었지.

지금은 주로 사탕수수에서 설탕을 만들고 남은 당밀을 발효해서 만들고.

어… 그 무슨… 석유에서 합성한다고 그러던데….

석유가 만만하니? 맨날 석유를 걸고 넘어지더라?!

중공업 대우를 받고 싶어서 그러나?

생산 단가도 석유 자체도 훨씬 비싸다고!!

석유도 결국 탄화수소이니, 만들려고 들면 못 만들 것도 없긴 합니다.

!!

그…

원래 자연에는 그렇게 따로 분리된 글루탐산이 없잖아?

그걸 물에 잘 녹게 나트륨과 합성한 MSG를 먹으면 지나치게 많은 글루탐산을 먹게 되어서 문제라던데….

왜, 옛날에 중국음식증후군이라는 질환이 그래서 생겼다고 들었어.

우리 선조들은 양질의 아미노산을 섭취하기 위해 오래전부터 노력해왔지.

대표적으로 간장이나 된장처럼

콩을 자연 그대로 먹기보다는 발효시켜서 콩 단백질을 분해했지.

특히 단백질의 50퍼센트 이상이 글루탐산을 비롯해 여러 아미노산으로 분해되어 있는 간장은 그 감칠맛 덕분에 역사적으로 인기가 있었고…

지금 우리 한민족의 전통 식문화를 공격하는 거야?

그렇다면 간장은 글루탐산 과다 섭취를 유도해 건강을 해치는 조미료다??

아… 아니, 그런 말이 아니라….

글루탐산은 가장
흔하면서도 많이 사용되는
아미노산이고, 우리 혀는
그 맛을 '감칠맛'이라는
제5의 맛으로 느끼지.

단백질은 분해해서 먹는 게
훨씬 많은 아미노산을
흡수할 수 있으니,
예로부터 부단히 분해 방법을
찾아왔다고.

미생물을 이용한
발효식품이 바로 그렇게
생겨났지.

밀이나 콩을 발효해서 만든
장류, 생선이나 고기를 발효해 만든
젓갈이나, 우유를 발효해 만든
치즈도 다 마찬가지야.

같은 우유 발효식품인 요구르트는 단백질보다는
유당을 분해해서 더 쉽게 열량을 흡수하도록 만들어졌으며,
함께 생겨나는 유산 덕분에 보존 기간도 늘어났다.

요즘엔 또 무슨…
글루탐산은 다른 영양소와 함께
섭취되어야 하는데,
MSG는 그렇지 않으니까
문제라고 트집을 잡던데.

마… 맞아요,
문제가 되지
않을까요??

애초에 MSG가 다른 음식에 넣어서 맛을 돋우는 조미료잖아.

넌 MSG를 그냥 푹푹 퍼먹나배?

그…렇지는 않지만….

MSG는 소금보다 7배는 안전하다고!

단순히 반수치사량*을 따져봐도, 체중 킬로그램 대비 소금은 3그램, 비타민 C는 12그램을 냅다 투여하면 죽음에 이르지.

*반수치사량: 실험동물 집단의 절반이 죽는 데에 필요한 물질의 투여량. 반수치사량이 많으면 '웬만큼 많이 먹어도 괜찮다'는 뜻이다.

근데 MSG는 20그램이라고!

이미 미국에서는 1960년대에 MSG의 유해성에 대한 의문이 제기됐으나, 1987년 UN과 WHO에서는 글루탐산이 해를 끼칠 가능성이 전혀 없다고 판단했어.

우리나라 식품의약품안전처에서도 2010년에 MSG를 평생 섭취해도 문제가 없다고 발표했지.

중국음식증후군은 당시 비위생적이었던 주방 환경이나 오염된 식재료 때문이었을 것으로 추정될 뿐이고,

당시 미국 전반적인 식품 업계의 문제점을 인종차별적인 시각에서 중국 탓으로 돌리며 누명을 씌웠다는 견해도 있지.

수능 날에 엿을 먹는 이유

유사과학 탐구영역

46. 토르말린 자가발열

사려던 책도 샀고,

오늘은 집에 가서 느긋하게….

응?

신비의 토르말린! 기적의 찜질 효과!

저절로 전기를 일으키는 성질을 가진, 지구상 유일의 신비한 천연 광물이래요!

이 나약한 놈이!
그 꼬라지가 뭐야 도대체!!

콰당!

으억,
선하 언니?!

내가 화난 건
네 '마음의 나약함'
때문이야!

왜…
왜 그러세요?!

그야 물론 생면부지인
사람한테 냅다 뭐라고 하는 게
쉬운 일은 아니겠지!!

크… 큰일났다,
평소엔 장난삼아 막 이상한
유사과학 상품으로 놀려댔지만,

선하 언니는
외계인이라는 별명이 있을 정도로
어떻게 튈지 모르는 사람!
눈 앞에서 이런 걸 파는 장면을
직접 본다면…!!

아까 그 찜질벨트 팔던 잡상인?

그리고 바람잡이들….

이득을 위해 말도 안 되는 허구를 날조해서 물건을 팔아치우려 했지….

너희는 진실을 소중하게 여기지 않았어.

자, 게임을 시작….

뭐야, 왜 모자이크가… 검열이 되는 겨?

?

세상이 어느 때인데, 냅다 그렇게 유명한 영화 마스크 쓰고 나오면 당연히 저작권 검열이 되죠.

쿠호—

…좋아, 이걸로 가도록 하자.

숨소리가 뭔가 껄끄러운데….

…그 굉장한
토르말린 벨트라는 놈의
광고지를 한 번
읽어보니라.

예.

보자….

토르말린 고급형 찜질 벨트!

자가발열!

전기, 배터리 없이도
스스로 발열하여
따끈따끈합니다.
반영구적으로 사용 가능!

광물질 토르말린이란?

토르말린은 지구상에 존재하는 광물 중
유일하게 영구적으로 전기를 내뿜어
극성 결정체라고 불립니다.
태양으로부터 들어오는 음이온이
토르말린의 플러스 전극에 흡수돼
인체에 가장 적합한 전류가 되어
건강을 개선합니다!

원적외선과 음이온 발생!

토르말린은 공기 중에 포함된 수분을 전기분해하여 안정적이고 활력 있는 물로
정화하며, 음이온을 발생시킵니다.

30분 후

사…
살려 주세요….

깔깔이도 엄청나게
따뜻해지는데
자체발열하나보다,
그치?

당연히 뭘 덮어놨으니
그만큼 체온이
다시 되돌아오면서
내부 온도는 올라가지.

굳이 비싼 돈 주고
찜질팩 살 것 없이, 옛날에
유행하던 랩 다이어트 찜질처럼
랩만 둘둘 감아놔도
얼마든지 효과를 얻을 수 있다고.

그… 그렇지만
토르말린은 지구에서 유일하게
전기적 성질을 가진
광물질이라던데….

그래?

척!

?!

악!!
아악!!

따닥
따닥

요 따닥이는 압력으로
전기를 생성하는 압전소자라는
물건이고~, 열로 인해
전기적 특성을 띠는
열전소자도 있고~.

산업적으로 얼마나
다양한 물질이 쓰이는데,
무슨 유일한 광물질
어쩌구냐?

전기석은 그 구조 때문에
열을 가하거나 마찰시키면
정전기를 일으키는데,

어느 순간부터
영구적으로 전기를
생성한다느니 열도 뿜고
원적외선도 뿜고 그놈의
음이온도 뿜는다 그러고,

아주 그냥
기적의 광물로
둔갑해버렸지.

…

전기를 띠니까
전류가 흐르고,
그 미세전류로 물을
분해한다고 그랬어요!

…

물을 분해하면
음이온이 나온대요!

정전기가 대전되는 것과
전류가 흐르는 건
아주 다른 이야기고.

아니, 애당초 그렇게
영구적인 전류를 만든다면,
생각을 해봐라.
왜 그걸로 발전소를 안 돌리고
건강용품이나 만드는지.

그럼….

까놓고 말해 넌
사기를 당해서 아무짝에도
쓸모없는 담요를 비싼 돈 주고
샀다, 이 말이다.

그럴수가!

토르말린으로 물을
분해하면 음이온이 나오고,
그게 몸에 좋다는 건
사실이라고요!

이쪽은 한층
문제가 심각하군….

토르말린을
쓰고부터는
천식도 아토피도
좋아졌어요!

전형적인
자기는 효과를 봤다며
우기는 케이스….

그래서 전 집의 벽지도
토르말린 함유 벽지를 발라서,
근육과 세포를 건강하게 하고
피로를 풀어주는 음이온과
원적외선 효과를
사방으로 받는다고요!

게다가 물병에
토르말린 분말을 넣어서
활성산소를 제거한 수소수도
마시고요!

유사과학 탐구영역

47. 소주와 산소

미리 언니의
단행본 출간을
축하하며, 건배~!

오늘의 모임은
저 고혜람이 다니는 생물교육과를
졸업한 선배이자,

지금은 만화가로 활동하는
우리 채미리 언니의
단행본 출간 기념
술자리입니다~!

야~ 뭐,
그렇게 대단한 건
아닌데…

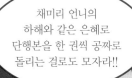

채미리 언니의
하해와 같은 은혜로
단행본을 한 권씩 공짜로
돌리는 걸로도 모자라!!

오늘 술값까지
모조리 내주시리라
믿어 의심치 아니함에
감사하면서 마시도록
하겠습니다!!

니들은 절대
좋은 일 생기지
말아라.

골수까지 다
빨아먹을 거야.
진짜.

그럼 난
오백세주,

브랜디.

위스키.

그러지 말고
오랜만에 그거나
해보자.

허허, 금수 같은 놈들.
이때다 하고 비싼 것만
마시려 들지.

여기 안주 세트에
술은 장르별로
한 병씩 다
갖다주세요.

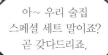

아~ 우리 술집
스페셜 세트 말이죠?
곧 갖다드리죠.

맥주, 소주, 약주,
고량주, 막걸리, 동동주,
전통 소주, 담금주….

107

숙취라면…,
여기 있는 술 중에선
소주가 제일
뒤끝이 없지.

그것 봐!

그런….

공장제인데요?

공장제라서.

우리나라에서는 전통적으로
쌀을 발효해 만든 청주, 그리고
그걸 증류한 전통 소주의 생산을
양곡관리법으로 엄격히
제한했어.

현재 소주는 감자,
고구마, 타피오카 같은 걸
발효하고 정제해서
에탄올을 분리하고,

이걸 희석시킨 다음
감미료 등을 첨가해서
만들지.

아무래도 숙취를 일으키는
다른 요소들이 거의 없기 때문에,
에탄올 자체의 영향을 제외하면
거의 숙취를 안 일으킨다고
할 수 있지.

그럼…
사실은 소주가
제일 좋은 건가요?

109

서민들의 곁에서
계속 입맛에 맞게
변하면서,

알코올이 튀는
소주의 맛도 그 자체로
민중의 맛이며 개성으로
자리잡았다고 볼 수 있지.

혓바닥에
뭘 발랐나,
아주 청산유수네.

뭐 어쨌든…

모든 술이 고급을
지향할 필요도 없고.
국민주이면서 보드카같이
깔끔함을 추구하는 술도
있는가 하면,

고량주처럼
독특한 향을 내는 술도 있지.
어느 쪽이든 좋긴 한데,
단지…

단지?

왜 유독 희석식 소주만
이런 상술에 의존하는지 싶어.

뭔 대나무숯에
미네랄에…, 이건 또 뭐야.
산소가 들어 있어
숙취가 없습니다??

알칼리 이온수로 만들었다며 강조하던 술도 있었죠.

왜요? 좋잖아요, 산소.
호흡에 꼭 필요하고.

게다가 산소가
알코올 대사에 영향을 줘서
술이 더 빨리 깬다는
실험도 있어요!

끄덕

...

...

턱

?

텁

숨쉬어!!!!!!

소주에 포함된 산소로!!!

쿨럭! 쿨럭!!

위장은 호흡기관이 아닌 데다가 어차피 소화 과정에서 생기는 메탄 가스 등이 잔뜩 들어찼는데,

병아리 눈물만큼 있는 산소가 술을 통해 들어가봤자여.

게다가 위장에 머무는 동안 체온에 의해 덥혀지면, 자연스럽게 용해도가 낮아지고 산소를 비롯한 기체는 전부 일정하게 빠져나오지.

알칼리 이온수는 다음에 제대로 얘기해보자.

그 실험에서는 산소 소주를 마시면 평균 30분 더 빨리 깬다고 주장하지.

하지만 반복된 다른 실험이 없어서 신뢰하기 어렵고,

어째서 그렇게 되는지 원인조차 제시하지 못해서 과학적으로 근거가 부족하다고.

심지어 산소 소주에 대한 실험이
외국 언론에 소개되어
묘한 관심을 받기도 했는데,

국제적 망신

정말 그런 효과가 있다면
차라리 얼마 되지도 않는 산소를 술에
녹이는 것보다 호흡용 산소캔을 함께
내놓는 게 훨씬 효율적이지 않을까?

요즘은 무슨
참숯 미네랄이니 어쩌네 하면서
건강 효과가 있다고 은근슬쩍
광고하는데,

어디까지나
술은 기호식품이고
에틸알코올은 WHO가 인정한
1군 발암물질*이라고.

애당초 술을 마시면서
항산화 효과가 어떻네 하는 것도
모순이다, 이 말이지.

*1군 발암물질: 암을 일으키는 것으로 확인된 물질.

내가 볼 때,
소주에서 그렇게 건강 효능 같은 걸
강조하는 이유가 술 자체의
매력이 부족해서인 것 같아.

뭐, 와인이나 위스키,
브랜디 같은 엄청난
고급주 시장까지 들먹이지
않더라도,

맥주나 청주, 사케,
아니면 럼이나 진 등등.
이런 술들은 딱히 다른 짓 안 하고
그냥 그 술 이름만 대면
그 자체가 광고라고.

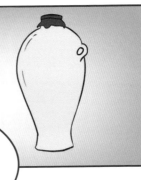

그 술만의 독특한 향과
맛이 기호품으로서
충분히 어필하기 때문이지.

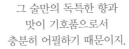

하다못해 우리 전통
증류식 소주만 해도,
그냥 '정통 증류식 소주!!'라고
붙여만 놓으면 다른 마케팅이
필요없잖아.

증류식 소주를 섞었다고만 해도
엄청나게 화제가 될 정도로.

그런데 희석식 소주는
그게 안 된다는 말이지.
이게 술꾼들에게 딱
선택받을 만한 매력이나
개성이 없거든.

그러니 마케팅 포인트를
기호품으로서의 술이 아닌, 술이
빨리 깬다느니 뭔 미네랄을 함유했다느니
딴 데서 찾는 거지.

115

야… 〈황산벌〉도 이젠
아주 고전 영화네.

으음….

희석식 소주가
보드카나 진, 럼 같은 민중의
술로서 사랑받으려면,
그 자체의 개성을 홍보하는 게
맞지 않겠나….

뭐, 그렇게 생각을 한다,
이 말이야.

근데 또 럼은
겁나 비싸던디.

유사과학 탐구영역

48. 황토 온수매트

이 만화는 특정 기업이나 상품을 특정하여 서술하거나 묘사하지 않습니다.

부우우우웅—

아니, 당최
연구실에 갖다 놓을
찻잔 세트를 과돌이* 냅두고
왜 내가 갖고 와야 되는지
알 수가 없네….

콩시렁
콩시렁

교수님 아는 친구분이
도자기 가마터에
데려다주신다니까,
뭐 그건 괜찮은데….

*과돌이: 과 사무실에 머무르며 잡다한 일을 맡아서 하는 학생.
적게나마 아르바이트비 정도는 받는다.

광고에 세뇌된 사람들이 "실제로 원적외선을 이용한 치료가 있는데, 싸잡아서 효능이 없는 것처럼 말씀하시네요"라고 하더군.

암 치료에서의 온열요법은 조직 온도를 40도 이상으로 올리기 위해 적외선·마이크로파 등을 사용하는데,

어디까지나 온도를 올리는 게 목적이지 적외선 자체에 치료 효능이 있는 건 아니거든.

외부 찜질로는 정상 체온 이상으로 올라가지도 않거니와, 치료의 개념도 모르는 거죠!

그렇게 치료가 좋으면 평소에 항암제라도 먹고 다니면서 멀쩡한 세포나 모조리 죽이든가!!

…??

……

아, 이 친구가 바로 이 황토 찜질 가마터의 주인이라네.

그리고 얘가 내가 말하던, 그 항상 딴지를 걸고 다닌다는 애고.

야~, 젊은 친구가 아주 똘똘하네.

황토란? 실리카, 알루미나, 철분, 마그네슘, 나트륨, 칼리 등의
필수미네랄이 풍부한 우리 고유의 토양입니다.

황토는 표면이 넓은 벌집 모양의 수많은 공간이 복층 구조를 이룹니다.
이 구멍 안에는 원적외선이 다량 흡수·저장되어 있어, 열을 받으면 발산하여
다른 물체의 분자 활동을 자극합니다.

즉, 황토는 유수한 세월 동안 태양에너지를 흡수하고 발산하는
에너지 저장고라고 할 수 있습니다.

원적외선은 우리 몸 신진대사를 원활하게 하여 세포 활동을 왕성하게 합니다.
그러므로 노화 방지, 성인병 예방, 노폐물을 분해하고
독소를 배출하여 암을 억제하는 효능이 있습니다.

126

그건 그냥
온수매트가 아닌…,
황토 원적외선 온수매트일세.

?

황토?

이건?!

……

우리 고유의 황토는 탄산칼슘이 주성분으로 칼슘과 칼륨, 마그네슘, 철분 등
현대인에게 부족한 필수미네랄을 보충해주고 항산화 작용을 합니다.

그리고 황토 한 스푼에는 2억 마리의 미생물이 살고 있어,
다양한 효소들이 순환 작용을 합니다.

그렇게 때문에 예로부터 황토는 살아있는 생명체라고 해서
엄청난 약성을 가진 무병장수의 흙으로 사용되어 왔고, 효소들이 각기
독소 제거와 정화는 물론 비료로서 역할을 합니다.

그리고 황토의 효소든 미네랄이든 직접 먹는다고 해도,

효소는 단백질이라 직접 먹어도 대부분 분해되어 흡수되기 때문에 아무 소용이 없네요!

흙 속에 유익한 세균만 있나? 파상풍균을 시작으로 해서 온갖 병원균이 득시글대는데!

거기다⋯

잠깐.

대체 그 온수매트에서 황토는 어디에 쓰인 건가?

이 안에 황토볼이라고 따로 굳혀 코팅해서 넣어두었지.

이 사람아! 하다못해 자린고비도 굴비는 눈에 띄는 데다 걸어놓고 보면서 밥 먹었다!!

두 번 쳐다보지 말아라.

황토를 아예 안 쓰고 그렇게 광고하면 단속에 걸리거든.

현대인들 나트륨 섭취 과다인 거 알지?

직접 몸에 닿는 것도 아니며 먹는 것도 아니고, 코팅까지 해서 매트 안에 넣어놨다고?!

만약 한 알로 만병을 치유하는 기적의 약이 있다고 해도,

그걸 코팅해서 포장지 안에 넣어놓은 상태로 끼고 살면서 무슨 효능을 바랄 수 있겠는가?!

그런데도 정말로 효소니 미네랄이니 효능을 바라는 놈이라면 어디 문제가 있는 거지!!

자네는 진짜 사람이 다 바보로 보이는 건가?!

그 약으로 찜질을 하면서 효능을 바라는 놈은 문제 없나요?

자네가 한 말에 따르면, 그렇다네.

좋지, 해봅세!

어디 이게 팔리나 안 팔리나 내기해볼까??

불티나게 팔려나갔다.

131

유사과학 탐구영역

49. 물 분해 세정제

세정·소독·탈취가 전부 되면서
화학 성분이 단 1그램도 없는 세정제!
몸에 해로운 성분을 모두 뺀
물 100퍼센트로 만들었습니다!

시중에 판매되는 일반 세정제에는 계면활성제 및
pH 조절제 등 우리 몸에 해로운 인공 물질이
들어갑니다! 하지만 전기분해 기술을 활용한
이 세정제는 화학첨가물이 없는
순수 알칼리이온 세정제입니다!

와…, 물을 전기분해해서
몸에 전혀 해롭진 않지만
세정력은 있는 그런 세정제!!

이건 좀… 너무 안 믿긴다.

135

규정이 까다로운
그 미국에서조차, 락스와 같은
염소계 살균제를 허가된 농도
이하로 희석하면 식품의
세척에도 사용할 수 있어.

소독 과정에서 몇몇 단백질과 반응 시
유해 물질이 생길 수 있지만,
어차피 물로 헹구면서 제거된다.

규정에 따라
사용한다면, 잔류 위험도 없고
가장 이상적인 세척제지.

방송에서는 락스의 위험성이라며 원액에
고무장갑을 녹이는 모습을 보여주는데,
우리가 먹는 식초도 고농도에서는
화학적 화상과 점막의 파괴를 일으킨다.

아, 차아염소산이라고
하니…,

무슨 미산성이나
저산성 차아염소산수도
있는 것 같던데요.

기본적으로 락스는
강염기성이라 부식성이 있어서,
이걸로 금속 기구를
세척하기에는 곤란하거든.

그렇지.

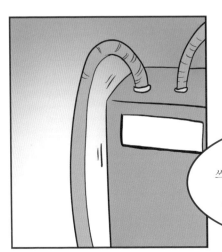

그래서 가정에서 오래 두면서 쓰기에는 안 좋아. 또 오염 물질이나 곰팡이를 제거하는 데는 그냥 염기성 락스의 세척력이 더 낫고.

그러니 뭐가 좋다 나쁘다가 아니라, 용도랑 비용을 따져서 적절히 골라 쓰는 게 중요하단 말이지.

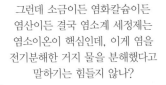

그런데 소금이든 염화칼슘이든 염산이든 결국 염소계 세정제는 염소이온이 핵심인데, 이게 염을 전기분해한 거지 물을 분해했다고 말하기는 힘들지 않나?

?

어라…?

제가 물어보려던 건 순수하게 물만 전기분해해서 세정제를 만들 수 있냐는 말이었는데요?

…?!

좀 보여다오.

여기…

물만
전기분해해서?

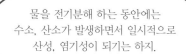

물을 전기분해 하는 동안에는
수소, 산소가 발생하면서 일시적으로
산성, 염기성이 되기는 하지.

하지만 어디까지나
전기가 공급되는 동안에만 그렇다고.

산성이나 염기성은
물에 이온이 녹아서 화학적
평형상태가 되었을 때,

결국 짝이온으로
수소이온이나 수산화이온을 내면
나타나는 성질인데.

아레니우스의 산/염기 정의

전자 받아라!!

최신 버전인 루이스의 정의로는
전자쌍을 주는 놈이 염기,
받는 놈이 산.

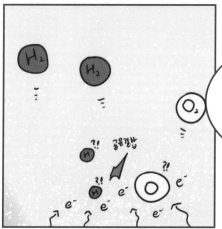

하지만 짝이온 없이
그냥 수소이온 혹은 수산화이온만
물속에 있다면 당연히
평형상태로 돌아가려고 할 것이고,

산소를 내놓든
수소를 내놓든

얼마 지나지 않아
안정한 상태인 물과 기체로
그냥 분리되겠지.

141

아무튼 그 세정제에 알칼리성을 유지하는 짝이온으로 나트륨이나 칼슘 등의 이온이 들어 있다면 세정력도 있겠지만,

그러면 인공 합성 화학물질이 포함됐으니 순수한 물 100퍼센트로 만들었다는 말이 거짓이 되고.

염기성은 단백질을 변성시켜 균을 죽이니까.

아니, 냅다 그냥 물만 전기분해해서 그렇게 끝내주는 세정제가 나올 것 같으면,

왜 그걸 대기업에서 대량생산 안 하고 굳이 '독성이 잔뜩인 사악한 화학물질 투성이' 세제만 만들겠냐?

…

그러네요.

도대체 이런 말도 안 되는 맹물이 왜 팔리는지….

오랜 공포 마케팅이 결국 효과를 거둔 거지!

웰빙 열풍이랍시고
웬 건강장사가 휩쓸고 지나간 이후,
유사 이래로 이렇게 살생물제가
각광을 받은 적이 없었다!

현대적인 수도 시설 덕분에
인류가 이렇게까지 깨끗하고
안전한 물을 사용한 적이
지금껏 없었고,

더불어 공중보건의 발달과
현대적 건축 덕분에 이렇게
미생물의 위협에서 해방된 적이
없었는데,

사람들이 따지는 건
여전히 문 손잡이에 세균이
몇백만 마리, 옷, 이부자리,
베개 커버에 세균이 몇 마리…

그와 같은
살균·항균의 광풍은
급기야 가습기에도 세균이
어마어마하게 번식하고 있다는
낭설로 이어져,

가습기에 살균제를 풀도록 만들고
결국 그 살균제를 흡입하는 바람에
어마어마한 참사로 이어졌지!!

어차피 수돗물에 남은 염소가
세균 번식을 막기 때문에,
물을 매일 갈아주면서 녹의 원인인
무기염류 잔여물만 정기적으로
세척해주면 됐다.

그런데 지금도
웰빙의 열풍은 끊이지 않고,
'무엇무엇을 하지 않으면 안 된다!'는
공포 마케팅 또한
여전히 횡행한다!

유사과학 탐구영역

50. 천일염

정말 좋은 날씨 아니냐, 얘들아?

이렇게 좋은 날 바다에 왔으니 표본도 팍팍 발견하고! 신종도 발견하고!

모르는 놈 발견하면 바로 묻어버려야지….

누구 좋으라고….

저녁엔 분류표도 만들어보자!

대신 너희 저녁은 교수님이 물고기 잔뜩 낚아서 차려주도록 하지!

대어를 낚기 전에는 돌아오지 않겠다!!

뭐, 좋아. 사실 나도
매번 카레랑 고추장찌개만
하는 거에 질렸으니까.

!

오늘 저녁 메뉴는
데미글라스 소스 비프스튜다!!

비프스튜?
데미글라스 소스?

그런 요리도
할 줄 알았어?

갑자기 뭔가 엄청
양식 느낌인데?

카레도 양식이여,
이 친구야.

후후….

그럼 우선,

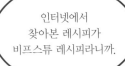
인터넷에서
찾아본 레시피가
비프스튜 레시피라니까.

그럼 참치찌개 레시피에
참치 대신 꽁치를 넣으면
그게 참치찌개냐?

아무튼, 일단
고기를 볶으려면

밑간을 해야 하는데,
소금이랑 후추를
어디다 뒀더라….

소금이라면
이거 쓰세요!

?

?

150

천일염에 미네랄이
많이 들었다고?

그래, 구체적으로
얼마나 들었는데?

그리고 나트륨도
미네랄인데.

예?

어… 마,
많이….

천일염에는 다른 미네랄이
많다고들 하지만 처음 채취한
소금에서 무기염류는 기껏해야
5~7퍼센트 정도밖에 안 되고,

그런 성분은 쓴맛이
강하기 때문에 간수를 제거하는
과정을 거쳐 5퍼센트 이하로
줄어들지.

천일염으로 김치를 담글 때
간수가 제대로 제거되지 않은
소금을 쓰면 쓴맛이 나서
김장을 망친다고.

천일염에서 나트륨 외에
가장 많은 미네랄인 마그네슘의 함량은
1퍼센트 가량…. 하루 소금 섭취 권장량의
최대치인 5그램을 먹어도 여기서 얻는
마그네슘은 50밀리그램 정도지.

하지만 마그네슘의
일일 섭취 권장량은 성인 기준 280~370밀리그램.
권장량의 한계까지 소금을 잔뜩 먹는다고 해도,
그걸로 섭취한 마그네슘은 하루 권장량의
10퍼센트에 지나지 않는다고.

그래도… 그만큼은 도움이 되는 거 아닌가요?

무기염류는 음식에서 얻는 게 일반적이야.

100그램당 마그네슘 함유량을 살펴보면, 강낭콩에는 170밀리그램, 주로 먹는 흰쌀에도 20밀리그램, 땅콩에도 110밀리그램 정도 있지.

미네랄이 걱정이 된다면 그만큼 음식을 골고루 먹어야지. 그걸 소금에서 찾으면 안 되지!

정제염보다 천일염에 나트륨 함량이 적다는 건…

짠맛이 주로 나트륨에서 오기 때문에, 같은 짠맛을 낸다면 천일염을 정제염보다 더 많이 써야겠지.

즉, 애당초 싱겁게 먹지 않는 이상 음식에서 같은 짠맛을 냈다면 나트륨 양이 같다는 말이므로, 천일염이 심혈관 부담을 줄인다는 소리도 근거가 없지.

대표적으로 천일염인 게랑드 소금과 자염인 말돈 소금.

빅토리아 돌소금이나 히말라야 핑크 소금 같은 암염은 석회석 등의 불순물로 인한 독특한 풍미로 인기를 끌었고.

안데스 우유니 사막의 소금처럼 경관 덕분에 상품적 가치를 끌어올린 것도 있지.

이런 소금들은 엄연히 조미료로서의 맛, 혹은 생산방식의 문화적 가치를 내세워 고급으로 인정받는다고.

대체 소금에서 건강을 찾는 게 어느 나라 발상이냐?

'천일염 미네랄 신화'는 일본 건강 마케팅에서 유래했다.

당장 우리나라에서 한동안 천일염은 불순물이 워낙 많아서 식품으로 인정받지 못하는 공업용 원료에 지나지 않았어.

2007년 법이 개정되어 식용으로 인정받게 됐는데, 여전히 호염성 대장균 검출, 곤충 같은 이물질들이 나오는 등 위생적인 문제가 많았지.

해수 취수·여과 장치 관리, 부유물질 및 이끼 제거 관리, 간수 제거 시설과 보관소 방충 시설의 위생 관리 등 천일염 품질인증제도를 시행하기 시작했는데,

아직 천일염 생산자들 중 이 인증을 통과한 사람은 거의 없다고.

155

아까 말했던 게랑드 소금도
천일염으로서 같은 문제를
안고 있었는데, 제조시설의 현대화,
위생조건 개선, 그리고 문화적·역사적
가치 홍보에 힘써온 결과
다시 고급 소금의 지위를
회복할 수 있었어.

우리 천일염도 건강 마케팅 따위가
아니라 그런 기초적인 품질·위생 인증을
받고 차별화된 맛으로 주목받지 않는다면,
고급 상품으로의 길은 멀다고 할 수 있지.

맞아요.
그 전통,
역사적 소금….

아, 그리고
말인데.

우리나라 천일염은
전통적 방식이 아니라 일제시대에
대량생산 방식으로
만들어지기 시작했다.

?!

전통?

학원기이야담 :: 4의 저주

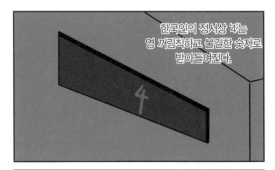

한국인의 정서상 '4'는
영 꺼림칙하고 불길한 숫자로
받아들여진다.

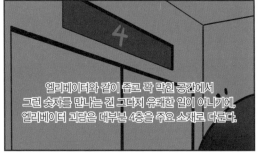

엘리베이터와 같이 좁고 꽉 막힌 공간에서
그런 숫자를 만나는 건 그다지 유쾌한 일이 아니기에.
엘리베이터 괴담은 대부분 4층을 주요 소재로 다룬다.

4층을 지나갈 때
옆에 귀신이 나타나
지켜본다든지…

두두둥!

씨근둥

물론 현대에, 그것도
이과대학 건물에는 전혀
어울리지 않는다.

유사과학 탐구영역

51. 숙변 제거

광충을 주워서
섬광구슬을
조합하고,

던져서
리오를 격추하면
말뚝딜 찬스가….

아니, 저 또,
또! 저놈 저거
또 비집고 들어오네!

중간에 껴들더니
똥오줌 못 가리지.

흥흥 ㅈㅅ
사실 안 미안함

워…

원솔아.

아직 안 잠?
내일 1교시라며.

혜람이 언니!
안녕하세요~.

오, 바람이 왔구나.
마침 버스도
딱 들어오는 중이다.

도원이가 새벽에
배가 아파서 응급실에
실려갔다더라.

며칠
입원한다던데….

근데 무슨
일이래요?

예?!

응급실?

위험한 병은
아니죠?

입원하고 한 2~3일
항생제 치료 받고 수액 맞고,
그러면 퇴원할 수 있다던데.

나도 요즘 더부룩하고
소화도 잘 안 되고 배도
살살 아픈 거 보면 장염기가 있나
싶은데 조심해야겠다.

요즘 내내
피곤하기도 하고.

엇, 그거…
숙변이 문제래요!

사람 장이 엄청
구불구불하고 길잖아요.
그 장벽에 소화되지 않은
음식물이 엉겨붙어서
오랫동안 남게 되는데,

......

이 조그만 주머니를
게실이라고 하는데,

여기에 변이 들어차면
네 말대로 균이 번식하면서
염증을 일으키거든.

일종의 쁘띠 맹장염이라고 할 수 있겠네.

증상은 개인마다
다르겠지만, 그 통증은
어떻게 참아볼 만한
수준이 아니여.

밤중에 응급실에
실려갈 정도라고.

이때 나타나는 증상은
그냥 컨디션 좀 안 좋고
피부 트러블 정도 일어나는
그런 마일드한 게 아니여.

아무튼
게실증같이
특이한 경우가
아닌 한,

…

장벽은 점액질로 덮여
미끈한 데다가 쉴 새 없이
연동운동을 하고,

또 벽 자체도 계속
갈아치워지기 때문에,
애당초 뭐가 남을래야
남을 수 없는 구조라고.

거기다 요만큼 쥐톨 만한 게실 하나에 변이 고여도

염증에 장폐색까지 오네 마네하는 심각한 상황이 벌어지는데,

뭐? 숙변?

즉, 숙변이란 개념 자체가 허구고, 그런 거 운운하는 광고는 모조리 다 흰소리니 걸러 들으면 된다, 이 말이다.

숙변 제거약이랍시고 나오는 것들은 일단 있지도 않은 숙변을 어떻게 제거한다는 말인지도 모르겠고,

대부분 기껏해야 식이섬유일 뿐인데 왜 그걸 비싸게 사서 먹을까? 김치, 깍두기, 시금치, 뭐 싸고 맛있는 거 얼마나 많으냐.

근데 그런 약을 먹으면 막 변이 나오고 그러는데…

그게 팽창하는 식이섬유의 효과이긴 한데…, 대부분 설사로 좍좍 나가잖냐?

유사과학 탐구영역

52. 건강기능식품

수백 년간 이어진 춘추전국시대를 끝내고
천하를 통일한 진시황. 그 진시황에게 다가가
신비한 술법을 선보이며 현혹하여
중용된 자가 있다.

이후 영생을 누리게 해준다는 불로초가 있다는
정보를 제시하여 진시황으로부터 수십 억
상당의 투자금과 인력을 받아 챙기고,
그대로 해외로 도주하여 잠적해버렸으니,

바로 '서복'이라 하는 자였다.
아마도 기록된 역사에서 건강상품을
이용한 사기 중 가장 오래된 사례일 것이다.

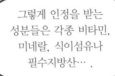

그렇게 인정을 받는
성분들은 각종 비타민,
미네랄, 식이섬유나
필수지방산… .

식약처에서
인증을 받았다, 이거지.

그럼 믿을 만하겠네요?

그리고 그 성분을 포함한 원료로는
홍삼, 알로에, 클로렐라, 스피루리나 등등
수없이 많이 등재되어 있지.

번호	원 료 명	인정번호	인정일자	비 고
537	EPA 및 DHA 함유 유지	제2015-8호	2015.03.17	고시 (시행 : 2017.7.1)
538	풋사과 추출 폴리페놀(Applephenon)	제2015-9호	2015.03.20	
539	콩보리 발효복합물	제2015-10호	2015.04.01	
540	인삼다당체추출물	제2015-11호	2015.04.06	
541	감마리놀렌산 함유 유지	제2015-12호	2015.04.09	고시 (시행 : 2017.7.1)
542	감마리놀렌산 함유 유지	제2015-13호	2015.04.09	고시 (시행 : 2017.7.1)
543	와일드망고 종자추출물(IGOB131)	제2015-14호	2015.04.09	
544	히알루론산	제2015-15호	2015.04.16	고시된 원료

2016년 식약처 자료를 보면
이것들은 질병발생위험
감소기능 등급,

2016년 11월에 법이 바뀌면서 이러한
등급제는 사라졌으며, 기존 등급제를
기준으로 2등급 이상을 받는 것들만
건강기능식품으로 인정받는다.

그리고 생리활성기능
1~3등급, 이렇게
4개로 나뉘지.

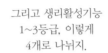

가장 높은 등급인 질병발생위험
감소기능 등급은 말 그대로
해당 성분이 특정 몇몇 질병의
예방에 도움이 된다고 과학적으로
증명된 걸 말하는데.

……

그것밖에
안 돼?

그럼
나머지는요…?

그 외의 대부분이
생리활성기능 2등급인데,
이게 중요하지.

2등급은 정확히 어떻게
우리 몸에 작용하는지 확실하게
과학적으로 입증되지 않았거든.

쉽게 말해 효능이
있는지 없는지 아리까리하다,
이 말이다.

관련 논문이 있긴 하지만
근거가 확실하지 않거나 동물실험에서
효과가 확인된 것뿐이지.

심지어는 임상시험 사례가 하나만
있어도 2등급을 받을 수 있어.
뭐, 기준이 널널한 이유는 애당초
'건강기능식품'이 의약품이
아니기 때문이야.

몸에 좋다는 불포화지방산이니
오메가-3니, 결국 잉여 열량은
전부 포화지방행이다.

실제로 면역에
도움이 되는 건 오직
예방접종과 꾸준한 건강관리밖에 없고.

그러니 매번 클로렐라니 스피루리나니 유산균, 티벳버섯….

매년 선풍적인 인기를 끌면서 나타나는 건강기능식품이 빠르게 잊히는 이유도 실질적으로 효능이 나타나지 않기 때문이야.

정말로 효능이 있었다면 의학의 역사가 바뀌고도 남았을 것이다.

하지만… 그래도 생리 기능을 조절하는 성분이 없지는 않을 것 아냐?

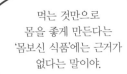

당연히 있기는 엄청나게 많이 있지.

하지만 그게 명확하다면 그에 따른 부작용을 갖기 마련이고, 당연히 그건 전문적인 처방이 필요한 의약품으로 다뤄져야 하니 '식품'으로는 유통될 수 없지.

먹는 것만으로 몸을 좋게 만든다는 '몸보신 식품'에는 근거가 없다는 말이야.

아….

그러고 보면,
슈퍼푸드는 어때요?

나름 건강에 유익한
깔라만시, 블루베리, 크랜베리
같은 것들 많잖아요.

...

독소를 제거해준다며
엄청난 인기를 구가했던
깔라만시.

비타민 C가 레몬의 30배라며
광고했지만, 실제 함량은 레몬과
크게 차이가 없었지.

게다가 독소를 배출해준다는
말도 안 되는 허위·과장 광고 때문에
깔라만시가 주성분인 클렌즈 주스
25개 제품이 처벌을 받았어.

애초에 비교 대상인 레몬부터가 과즙이 많기 때문에
중량 대비 비타민 C 함량이 낮다. 대부분이 물인
수박을 생각해보면 쉽다. 오히려 고추나 피망 등
단단하고 밀도 높은 조직을 가진 식품들의
비타민 C 함량이 높다.

그런 식품이 '슈퍼푸드'라고 불리는 이유는 그 효능이 굉장해서가 아니라, 기본적인 영양소의 구성 비율과 함량이 좋기 때문이라고.

어디까지나 결국 식품은 식품이지 의약품이 될 수 없고, 과식을 피하고 골고루 먹는 게 건강에 도움이 되는 거야.

항상 무슨 현대인의 건강하지 못한 식습관을 운운하는데, 정작 그런 식사를 누리는 오늘날의 평균수명과 삶의 질이 역사적으로 가장 높다는 건 완전히 무시하지.

유기농 자연 농법으로 식량을 얻던 옛날 사람들이 얼마나 장수했냐?

현대인들은 오히려 비만이나 고혈압 등 영양 과잉으로 건강을 해치지.

결국 건강 문제의 핵심은 얼마나 많은 슈퍼푸드를 먹느냐가 아니고 얼마나 적당히 조금만 먹느냐인데,

이놈의 장사꾼들은 계속 뭘 더 먹이려고 들거든!!

유사과학 탐구영역

53. 소소한 의문 모음집

1. 밤하늘에 보이는 별이 사실은 인공위성이다?

…

무슨 소리야, 인공위성이라니.

인공위성은 눈으로 절대 보이지 않아.

아니에요. 사람들이 인공위성을 너무 많이 쏴 올려서, 이제 인공위성이 별보다 많이 보인다던데….

국제우주정거장(ISS)만 해도
그 크기 덕에 빠르게 움직이는
별처럼 보인다고 하는데,

지금 보이는 위치를
안내해주는 웹사이트가
있을 정도로 유명하지.

위성전화용 이리듐 통신위성도
지상에서 잘 보인다고 해.

크기는 다른 인공위성과
비슷하지만, 거대한 반사판을
달고 있어서 여기에 태양빛이
반사되면 엄청나게 밝게
보인다더라.

즉, 밤하늘에 보이는 건
대부분이 진짜 별빛이긴 하지만,
드물게 인공위성이
섞여 있다는 말이지.

그렇구만….

그리고 보니 우주에서 보이네,
안 보이네 하니까 생각난 건데,
우주에서 지구를 내려다 봤을 때
만리장성이 보인다는 말이
사실일까?

2. 만리장성은 워낙 거대해서 우주에서도 보인다?

3. 지구를 멸망시키기 위해 날아오는 수수께끼의 행성 니비루!?

※니비루: 고대 수메르 신화에 나오는, 과거에 관측된
　　　　별이라고 하는데, 정작 수메르 신화에서는
　　　　그런 내용을 찾아볼 수가 없음.

뭔… 뉴에이지 신비주의자들이 계시를 받고 있다느니, 지구에 심판을 가져다준다느니 하는 말을 들어보긴 했네, 나도.

근데 이건 딱히 과학도 뭣도 아니잖아?!

아니…, 우주에서 찾아온다고 하니까 관련된 설이 아닐까….

심지어 미래에 날아온다 수준이 아니라, 그 작자들 설에 따르면 벌써 몇 번 왔더라고!!

옛날부터 혜성이든 뭐든 우리 태양계로 날아오기만 하면, "드디어 니비루가 찾아온다!! 지구의 종말이 도래했다!!"이러면서 시끄러웠는데,

대부분 그냥 지나가거나 아니면 목성에 먹혀서 쏙 들어가버리거나, 전부 별일 없었지.

아는 사람이나 아는 니비루가 갑자기 2012년 멸망설과 맞물려서 대스타(?)로 떠올랐어.

엘레닌 혜성은 2011년 8월에 부서지기 시작해서 9월에는 관측할 수 없는 상태가 되어 사라졌지.

당시 태양계로 접근하던 엘레닌 혜성이 사실은 고대 신화에 나오는 니비루고, 이 혜성이 지구에 멸망을 가져온다며 큰 관심을 불러일으켰는데,

이제 태양의 힘이냐고…. 굉장하잖냐….

뻔뻔스런 종말론자들이 항상 그러듯, "사실은 계산이 틀렸다! 2013년에 오는 아이손 혜성이 진정한 니비루다!"라면서 또 떠들썩했지만,

이 혜성은 지구를 지나쳐 그대로 태양을 향해 돌진, 태양과 116만 킬로미터까지 접근해서 그대로 증발해버렸지….

으음….

아, 지구멸망 하니까 나도 하나 들은 게 있어!

우주 이야기는 아닌데, 아무튼 과학 관련된 거야!

그래 놓고 몇 년이 지나니까 또 니비루가 온다…, 이러고 있는데 정말 낯짝이 얼마나 두꺼운 건지.

4. 유럽에 지어진 거대한 강입자가속기에서
미니 블랙홀이 생성되어 지구가 빨려들어갈 수 있다!

입자를 광속에 가깝게 가속시켜 다른 입자에 냅다 꽂아서,

뭐가 나오는지 뭔 일이 생기는지 관찰하는 기구지.

그런데 웬 미니 블랙홀이 생겨서 위험하다는 뜬소문이 퍼지더니….

엄청난 에너지의 충돌로 인해 타차원으로 빠져나가던 중력이 집중되어 파멸적인 결과가 초래된다!!

공간에 구멍이 뚫리고 콤바인과 악마들이 건너온다!! 장비를 정지하거나 겁나게 큰 총이 필요할 거야!!

입자가 충돌하는 에너지 정도로 그런 엄청난 블랙홀은 만들어지지도 않아.

미니 블랙홀이 만들어질 수는 있으나. 그렇다고 해도 호킹복사에 의해 순식간에 증발해버린다.

애초에 가속기의 입자보다 수천수만 배의 에너지를 가진 입자들이 우주에서 날아와 우리 대기권에 계속 부딪치고 있는데,

무시무시한 블랙홀이 생기려면 애저녁에 생겼어야지.

그렇구만….

심지어는 그걸로 소송까지 걸었다고 그러더라고!! 실험하지 말라고!

입자가속기는 통제된 환경에서 정밀한 관찰을 하기 위한 목적.

지구 멸망과는 별개로, 입자가속기가
가동될 때마다 수많은 논문과 이론이
파멸에 이르고는 있는 건 사실입니다.

5. 지구는 사실 평평하다?

그리고 틀린 놈은
그대로 우주에 맨몸으로
던져지는 거다!!!

뻥!

……

범세계적 스케일의 확인빵.

참고로 우주에 맨몸으로 던져진다고 해서
몸이 터지지는 않는다.

다만 우주와의 기압차 때문에
몸속의 공기가 빠르게 끓어 밖으로 빠져나가면서
질식하게 되고, 이후 서서히 얼어붙는다고 한다.

열을 전달할 매질이 없으니
급속도로 얼지는 않는다.

유사과학 탐구영역

54. 예방접종

이 만화는 특정 기업이나 상품을 특정하여 서술하거나 묘사하지 않습니다.

…응?

오늘도 또 뭔
희한한 물건들을 팔아제끼느라
여념이 없군….

특히 이게 우리
어머니들에게 그렇게
좋을 수가 없어요~.

이게 그 슈퍼푸드 추출물인데,
엽산인가 미네랄인가가 잔뜩 들어서
면역력을 올려준다면서요?

199

예방접종~.
그게 그렇게 문제가
많다면서~,

자폐증이 생기는
부작용도 있다 그리고.
백신은 제약회사들이
돈 벌자고 만들어낸 가짜라는
말도 있던데!

뻐끔
뻐끔

뭐…

…?

아니…

으…
으어…!!

워, 워.
진정하게나.

홍역 사망률 1900~1963 (10만 명당 사망자 수)

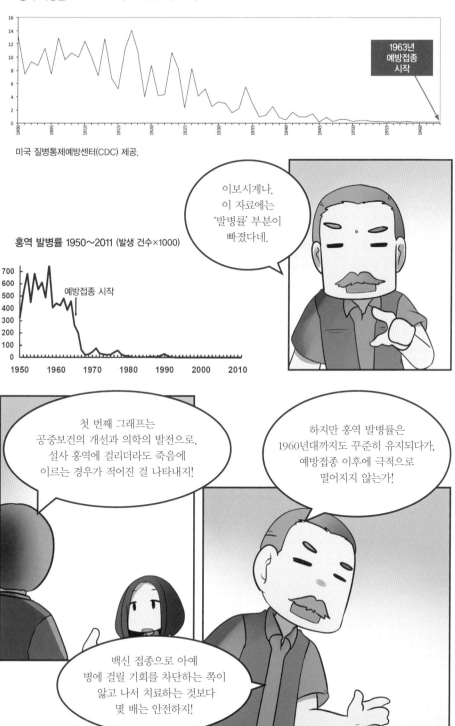

미국 질병통제예방센터(CDC) 제공.

홍역 발병률 1950~2011 (발생 건수×1000)

백신에 반대하는 것들이 주로 주장하는 그 말은,

1998년 앤드루 웨이크필드가 소아 백신에 포함된 오염방지제인 티메로살이 자폐증을 유도한다며 의학 학술지 『랜싯』에 발표한 논문에서 유래했지.

자폐 스펙트럼 장애를 비롯해 많은 소아 질환들이 백신을 접종하는 연령대에서 진단되다보니 그 책임을 예방접종으로 돌리려는 것이었을 뿐,

실제로 예방접종이 없더라도 해당 질환은 똑같은 비율로 발병했단 말이야. 애당초 둘 사이에 관계가 없었으니.

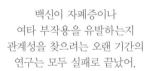

백신이 자폐증이나 여타 부작용을 유발하는지 관계성을 찾으려는 오랜 기간의 연구는 모두 실패로 끝났어.

2010년에 『랜싯』은 그 논문이 명백한 사기라는 증거를 찾았고, 논문은 철회되었네.

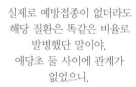

최근의 자궁경부암 예방주사 논란도 마찬가지로, 주사 성분에 포함된 알루미늄이 뇌에 축적되어 신경 손상과 알츠하이머를 일으킨다며 논란이 되었는데,

이것도 근거 없는 해프닝으로 끝났네.

그래도 수은 같은
성분이 포함된 건….

좀 꺼림칙하지 않나요?

보존제인 티메로살을
첨가하는 이유는 백신이
단백질 용액이라 균에
오염될 수 있기 때문이지.

1928년엔 이런 조치가
취해지지 않는 바람에
백신에서 포도상구균이 증식하여
사고가 발생하기도 했다네.

유해하다는 증거는 없지만
혹시 모를 불안감을 없애고자 우리나라는
백신에 티메로살을 아예 안 쓰거나
조금만 쓰는 데다가,

티메로살 백신을 맞았어도
거기 포함된 에틸수은은
몸에 쌓이지 않고
빠르게 제거되지.

자폐증을 유발한다는 논란 때문에
영유아 대상 백신에는 티메로살이 없다.

미국 FDA에 따르면,
지난 30년간 티메로살을
사용하면서 나타난 부작용은
일부 알레르기를 제외하면
없다네.

알루미늄 논란은….

알루미늄이
알츠하이머 환자의 신경계에
축적되는 건 결과지
원인이 아니야.

30년 이상 연구되고 있지만
알루미늄이 신경질환과 관계가
있다는 점은 증명되질 않았네.

알루미늄 백신
부작용이 발견된
사례도 없고.

자궁경부암 백신에
포함된 알루미늄은 리터당
225~550마이크로그램,
일일 섭취 허용 기준인 몸무게
1킬로그램당 0.6밀리그램과 비교하면
매우 적은 양이지.

물론 알레르기 문제 등은
꾸준히 제기되어 왔고,
이는 사백신이나
항원결정 부위의 별도 제작
등으로 보완했지.

배양에
원숭이 골…

배양에는 주로
계란 노른자를
이용하는데…,

대체 어떻게 그런 발상이
가능한 건가?! 진짜
끔찍한 놈들은
따로 있구먼!

예방접종을 안 해도
건강하게 잘 크는 아이들이
많다던데요….

유사과학 탐구영역

55. 균형 잡힌 식단

이 만화는 특정 기업이나 상품을 특정하여 서술하거나 묘사하지 않습니다.

짹짹…

아니…
오늘 아침 학식,
이거…

공허의 희미한
유령콩나물무침

뒤틀린 황천마력
지옥조기튀김

깍두기

밍밍함

방금 무쳤음

된장차

묽음

필요가 없는 걸 없다 그러지, 그럼 있다고 하니?

영양이라….

근데 미네랄이니 비타민이니 많이 부족하다고 이야기 나오는데, 영양제도 필요한 거 아닌가?

옛날에는 식량도 부족하고 영양학적 지식도 없었으니, 한두 가지 식품만 먹던 선원이나 군인들에게서 각종 결핍증이 일어나곤 했어.

그러니 적당히 균형 잡힌
식습관만 유지하면
영양 결핍이 일어날
일이 없다니까.

아니, 그 '적당히 균형 잡힌'
식단이 뭔데요, 도대체?
그게 어려우니 영양제가
나오는 것 아닐까요?

어릴 때 다들
배우지 않나?

고기·햄·
소시지만 먹지 말고
채소도 먹어라….

그런 건
뻔한 소리고!

골고루?
뭘 골고루!!

휴…
그래.

그러고 보니
식사 본능을 다룬 실험 중에
메뚜기를 이용한 게 있었다.

메뚜기?

메뚜기에게 평소
선호하던 풀잎과 별로
안 좋아하던 풀잎을 매일 주는
실험이었지

쇼커ー!

당연히 처음엔
좋아하는 풀만
마음껏 먹었는데,

시간이 지나자 좋아하는 걸
안 먹고 평소에 별로 안 먹던
풀을 먹기 시작하더라는 거야.

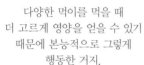

진정한 라이더는
골고루 잘 먹어야 한다.

다양한 먹이를 먹을 때
더 고르게 영양을 얻을 수 있기
때문에 본능적으로 그렇게
행동한 거지.

사람도 그런 본능 때문에
같은 음식만 계속 먹으면 물리게 되고.
그러니 다양한 음식을 돌아가며
섭취하는 게 건강한 식생활이다,
이건데….

한쪽으로 기울었다 싶으면
다른 쪽으로 더 무게를 실어주고…
그 정도만 해도 영양 결핍이
일어날 일은 없다고!

복잡하게
식단을 짜라는
말이 아니야!

음….

삼시세끼를 치킨만 먹었다고 쳐!
그래도 함께 딸려 나오는
치킨무만 좀 먹어도 비타민은
부족할 일이 없어요!
문제가 생기면 과다한
칼로리 섭취가 문제지!

누누이 얘기하는데,
현대인은 뭐가 부족한 게 아니라
너무 과잉이라 문제가 되는 거여!!
더 챙겨 먹을 궁리가 아니라
덜 먹을 생각을 해야지!!

나트륨, 지방, 탄수화물 과잉

보충제도 먹는 거라
더 먹고 싶냐??

…!

그리고 너…
방금 뭐라고
그랬더라?

학식이 어쩌고 했는데,
생각해보면 바로 그 학식이
영양학적으로는 가장
완벽한 식사여!!

뭐?!

규정상 학생식당에는
영양사가 배치되어야 하고,

영양사들은 영양소를
고루 갖춘 식단을
짜도록 되어 있거든.

맛이야
어쨌든 말이지.

영양사는 한정된 예산 안에서 가장
균형 있는 식단을 구성한다.
요리의 질은 예산의 문제이므로,
맛없는 학식은 영양사가 아닌
경영자한테 따져야 한다….

코다리강정

비타민 B, D랑
오메가3 지방산이 풍부.

높은 확률로
가시에 찔림

가지랑 뭐랑 무친 거

가지랑···

아직도 모르겠는데
이거 호박였음, 오이였음?

비타민·무기질의 보고.

X국

오징어 우 두부

전체적으로
된장

이것저것 많이 들었다.

······

에프니까 청춘이다

A
B
~
C
D
~
E
F
G
~
♬

유사과학 탐구영역

56. 수용성 규소

이 만화는 특정 기업이나 상품을 특정하여 서술하거나 묘사하지 않습니다.

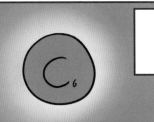

탄소는 지구에 존재하는
모든 생명체의 기본 원소다.

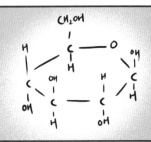

생물을 이루는 대부분의 분자는 탄소를
기본 골격으로 사용하고 있다.

단백질(근육, 뼈), 탄수화물(세포벽, 체액, 에너지원), 지방(세포막, 조직, 호르몬),
그 외 기능성 분자 대부분이 탄소를 기본 골격으로 한다.

탄소는 안정적인 결합을
다양하게 만들 수 있기 때문에,
무수히 많은 화합물이
이걸로 만들어진다.

탄소 말고도 비슷하게
다양한 화합물을 만드는
골격이 될 수 있는 원소가
바로 규소다.

그렇기 때문에 옛날부터 많은
SF소설은 외계 어딘가에
규소를 기본으로 사용하는 생명체가
존재할지 모른다며 상상의 나래를
펼치곤 했다.

나 역시 그런 생명체가
존재한다면 언젠가 만나고
싶다고 생각했는데….

벌써 만나버린 거
아닌가, 이거??

규소가 주성분이라니
어느 별 외계인이여?!

인체의 주요 구성성분인
규소! 규소수를 이용해
보충하세요!

이상하죠?

근데 이번엔 용케 또
안 홀리고 의심스럽다면서
가져왔네?

앞에서 말했듯이
탄소는 수많은 화합물을
만들 수 있어서 기본
뼈대로 쓰이지.

그런데 규소는 영 결합 구조가
불안정해서, 적어도 지구에서는
생명체의 기능성 화합물에
거의 쓰이지 않거든.

그나마 규조류 같은
몇몇 식물의 세포벽에
사용되는 정도밖에 없어.

아무튼 사람을 비롯해
대부분 동물의 몸에선
전혀 쓰이지 않는 원소야.

일단… 손톱이나
혈관에서 검출이
되긴 되던데.

그런데 동물의 몸속에는
규소 화합물이 없잖아?

규소 결핍증이라는 것도
없으니까 말여.

그래서 규소는
딱히 필수 미네랄도
아니야.

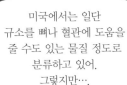

엘라스틴이나 콜라겐 합성에 부분적으로 관여할 수도 있다는 보고서가 있지만,

명확한 연관성을 증명하는 데는 실패했고. 게다가 규산염은 채소를 비롯해 온갖 식이섬유에서 얼마든지 얻을 수 있고.

미국에서는 일단 규소를 뼈나 혈관에 도움을 줄 수도 있는 물질 정도로 분류하고 있어. 그렇지만….

뭐니? 이 만병통치약 수준의 효능들은!!

놀라운 수용성 규소, 규소수의 효능!!

1. 혈액 정화

2. 혈관건강 강화

3. 면역력 강화

4. 다이어트 효과

5. 숙취 제거

6. 탈모 완화

7. 만성피로 개선

8. 알레르기와 아토피의 완화

규소는 알칼리성을 띠며 물을 깨끗하게 하는 신비의 힘이 있어. 우리 선조들은 빨래할 때 규소 바위를 이용한 지혜를…?

아니, 애초에 지각을 구성하는 대부분의 광물이 다 규산염 광물인데, 뭘….

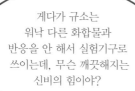

게다가 규소는 워낙 다른 화합물과 반응을 안 해서 실험기구로 쓰이는데, 무슨 깨끗해지는 신비의 힘이야?

스스로 깨끗해지는 힘 같은 게 있다면 이놈의 유리 기구들을 빡빡 닦을 이유가 없죠.

아세톤으로 녹이고 증류수로 다시 헹구고, 엄청 열심히 관리해줘야 합니다.

그리고… 혈액 정화? 혈액이 깨끗해지면 만병이 물러갑니다?

갑자기 혈액투석기는 만병통치 의료기구가 되어버리는구먼.

핏속에 들어 있는 적혈구를 신속하게 환원시켜 깨끗한 피로 정화해 줍니…

뭐?!

잠깐만, 이게 무슨 말이야.

너 적혈구가 뭔지는 알지?

핏속에서 산소 운반하는 거!

적혈구는 산소와 결합, 즉 산화되어 몸을 돌다가 환원되면서 산소를 내놓지.

구체적으로는 헤모글로빈 속의 철에 산소가 결합하는데,

녹슨 철이 빨간색인 것처럼 피도 빨간색을 띱니다.

산소를 잃은 철은 검은색이기 때문에, 정맥의 피는 검붉은색이 되죠.

이걸 강제로 환원시킨다는 건 피에서 산소를 다 제거해버리겠다는 소리여!!

그럼 이게 사람을 살리겠다는 말이냐, 죽이겠다는 말이냐?!

…!!

그럼 적혈구를 강제로 환원시키고 산화를 방지해주는 연탄가스 일산화탄소는 아주 정화제네, 정화제여!!

그래서 연탄가스에 중독되면 산소가 차단되어 사망에 이르게 된다.

두 번째, 혈관건강 강화…. 규소는 혈관을 튼튼하게 하는 효소를 활성화하며, 강력한 침투력과 정화작용으로 혈액과 혈관의 중성지방을 녹입니다?

지금 얘네가 말하는 수용성 규소가 규산염(SiO_2)을 말하는 것 같은데, 지방을 분해하는 건 이게 녹으면 강염기성을 띠기 때문이라고.

그 효과 보겠다고 혈관에 밀어 넣으면 산/염기 균형이 무너져서 응급실에 실려간다!

인체의 산/염기 균형은 식품으로 바뀌지 않는다.

여기서 주장하는 식으로 규소수를 마셔도 어차피 위에서 중화되기 때문에 아무 의미 없고! 게다가….

세 번째, 면역력 강화.
면역력의 저하는 죽음으로 직결되며, 인체는 면역 시스템의 자연 치유력으로 생명을 유지하고 있습니다.

면역 시스템과 규소는 어떤 관계도 없다고.

네 번째, 다이어트 효과.
일본규소의료연구회의 실험에 따르면, 돼지고기를 규소수에 넣어둔 후 시간이 흐르자 마치 스펀지와 같은 모양으로 변했습니다.
이것이 규소수가 지방을 녹여 배출한다는 증거입니다.

아까도 말했듯이, 이건 단순히 염기성이라서 지방과 단백질이 녹는 거고,

그 실험에 따른다면 우리 몸도 돼지고기처럼 분해되고 손상되겠지!!

다섯 번째, 숙취 제거.
숙취의 원인은 알코올이 분해되어 만들어지는 아세트알데히드 때문이며, 규소의 뛰어난 정화작용으로 이를 분해해 숙취를 완화합니다. 술에 적당량 규소수를 첨가하면 에틸알코올이 중화되어 숙취를 거의 발생시키지 않습니다!

규산염은 우리 몸의 대사활동에
관여하지 않으니 당연히
아세트알데히드도 분해하지 못하며…,

술에서 알코올을 중화하면
그게 술인가?

실제로 알코올을 제거하는지는 둘째치고.

여섯 번째, 탈모 완화.

이젠 그냥 막 갖다
지르네, 그래??

탈모는 대부분 유전적인
원인으로 일어나. 일부 의약품으로
탈모를 늦출 수는 있겠지만 식품으로는
뒤집을 수 없는, 유전자에
새겨진 운명이여!!

일곱 번째, 만성피로 개선.
피로물질인 젖산은 무산소호흡으로 인해 쌓입니다.
규소는 이 젖산을 체외로 배출시켜 피로를 개선합니다.

이젠 원리도 뭣도 없고 그냥 냅다 배출시킨다 그러지??
이런 효능이 있었으면 벌써 스포츠계에선
혁명이 일어났어야 할 것이여!!

여덟 번째,
알레르기와 아토피의 완화

자기면역질환인 알레르기와,
그와 깊이 연관된 아토피 역시
규산과는 아무런 관계도 없다!!

233

유사과학 탐구영역

57. 미세먼지 효능 식품

이 만화는 특정 기업이나 상품을 특정하여 서술하거나 묘사하지 않습니다.

오?

웬일이니?
오늘 미세먼지
좋음 떴다!

이게 얼마만이냐!
공기청정기 꺼도 되겠네?

뭣보다 미세먼지는 폐암을 유발하는 1군 발암물질로 지정되어 있다고.

무슨 중금속이니 화학 성분이 있는 게 아니라,

그냥 미세먼지 자체가 물리적으로 문제라서 큰일인 거야.

옛날에 석면이 크게 문제가 됐던 이유도, 미세한 석면 섬유가 폐조직에 박힌 채로 계속 염증을 유발해서 결국 암으로 발전했기 때문이거든.

지속적인 염증이 과잉 면역반응을 일으켜 세포가 끊임없이 죽어나가고 계속 분열·보충하는데, 이 과정에서 돌연변이가 누적되어 암으로 이어진다.

그나마 다행히도 석면과 다르게 미세먼지는 시간이 지나면 몸 밖으로 배출된다.

즉, 근본적으로 미세먼지의 물리적인 자극 자체가 문제인데, 오염물질 해독이니 중화니 효능을 떠드는 제품들은 전혀 도움이 안 되지.

물론 미세먼지에 포함된 다른 오염물질도 해롭긴 하지만, 이는 부차적인 위협이다.

비유하자면 목을 계속 쿡쿡 쑤시는 놈이 멀쩡하게 있는데, 음식을 먹어봤자 무슨 소용이 있겠냐는 거야. 그놈 자체가 안 들어오게 해야지.

그러면…

미세먼지를 흡착·배출해준다는 효능 식품들은 어떤가?

그러게.

뭐, 요즘 해조류나 이런저런 버섯 추출물 등을 그런 식으로 광고하는 게 종종 보이던데,

특히 해조류의 알긴산 성분이
중금속을 배출해준다고
많이 알려져 있어.

알긴산은 점성을 띠는
다당류인데, 몸에서 소화·흡수되지
않기 때문에 특정 물질의 배출과는
관계가 없고.

다만 중금속이나
방사성 동위원소를 함께 섭취했을 때
이 알긴산이 소화기 안에서 그런 물질들을
흡착·응고해 흡수를 억제하는
효능은 있어.

근데 미세먼지는
퍼먹는 게 아니라 호흡기를 통해
들어오는 거니까 도움은 거의
안 된다고 봐야지.

그런….

아, 근데 해조류는 그냥 많이 드세요.
요오드를 비롯해 각종 미량원소,
식이섬유 등이 많이 들어 있어 좋습니다.
미세먼지랑 관련이 없어서 그렇지.

그럼 차가버섯이니
프로폴리스니 하는 것들은?

약용 버섯들이 주로
내세우는 성분이 베타-글루칸이라는
다당류인데, 얘는 혈관 내 콜레스테롤을
분해한다고 알려져 있지만
미세먼지의 자극을 줄이는 것과는
별 관계가 없지.

면역계 활성화나 항암 효과 등은
아직 치료에 적용할 정도로
충분히 검증되지 않았다.

프로폴리스도 항염증
효과가 있어서 증세를 진정시키는 데는
도움이 되겠지만, 여전히 미세먼지의
위험성을 줄이는 데는 소용이 없고.

애초에 미세먼지가
폐암을 일으키는 원인은
과잉 면역반응으로 인한 세포 자살과
과도한 세포 교체니까,

면역력을 강화한다는 것도
별 소용이 없어.

당초 면역력을 강화한다는 게
무슨 뜻인지도 잘 모르겠고….

따라서 미세먼지는
그냥 피하는 게 최선이지,
무슨 효능 식품으로 개선할 수 있는
문제가 아니란 말이지.

미세먼지가 기승이니
이때다 하고 뭔 유산균까지
먹으라고 광고하는데,

오죽하면 요즘 나오는
건강식품중에 미세먼지에
효능이 없다는 식품이 더
드물 지경이여.

음…
그건 그렇군….

유사과학 탐구영역

58. 재가열 조리의 위해성

이 만화는 특정 기업이나 상품을 특정하여 서술하거나 묘사하지 않습니다.

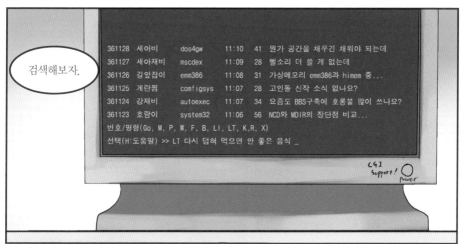

검색해보자.

```
361128  새아비      dos4gw      11:10   41  뭔가 공간을 채우긴 채워야 되는데
361127  새아재비     mscdex      11:09   28  뻘소리 더 쓸 게 없는데
361126  길앞잡이     emm386      11:08   31  가상메모리 emm386과 himem 중...
361125  계란찜      configsys   11:07   28  고인돌 신작 소식 없나요?
361124  강재비      autoexec    11:07   34  요즘도 BBS구축에 호롱불 많이 쓰나요?
361123  호랑이      system32    11:06   56  NCD와 MDIR의 장단점 비교...
번호/명령(Go, M, P, W, F, B, LI, LT, K,R, X)
선택(H:도움말) >> LT 다시 덥혀 먹으면 안 좋은 음식 _
```

CGI
Support!
power

엥?

?

결과가 없는데?

뭐야, 왜
하나도 안 나오지?

뭐라고
검색했간디.

다시 덥혀 먹으면
안 좋은 음식…

아니, 이
한심한 화상아.
검색하는데
'덥혀'라고 쓰면
안 되지.

247

'덥히다'와 '데우다' 모두 표준국어대사전에
실려 있으며, '뎁히다'는 방언으로 알려져 있다.

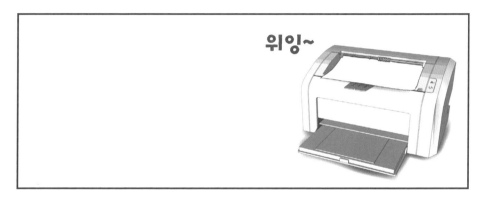

1. 양파는 재가열시 질산염이 발암물질인 아질산염으로
바뀌기 때문에 다시 데워 먹는 것은 좋지 않다.

뭐, 정 신경쓰이면 뜨거운 물에 데쳐서 제거하는 방법도 있고.

하루에 필요한 열량을 전부 채소로 충당해도 먹게 되는 질산염은 2~300밀리그램밖에 안 되는데, 1일 허용량에는 못 미치니 별로 걱정할 문제는 아냐.

게다가 이건 식은 음식을 다시 데워 먹는 거랑은 전혀 관계가 없잖어?

2. 치킨이나 삶은 달걀처럼 단백질이 풍부한 식품을 다시 데우면 변성되어 소화장애 물질을 만들어내고, 급체나 장염을 유발한다.

단백질 많은 음식은 다시 데우면 안 된대요!!

이건 도대체 무슨 말인지 모르겠는데, 나는.

일단 단백질은…

3. 식용유나 포도씨유 등 기름이 들어간 음식은
다시 데우면 불쾌한 냄새가 나고 빠르게 맛이 변하며,
트랜스지방의 함량이 높아질 수 있습니다.

처음 조리하든 다시 데워 먹든,
어떤 기름이라도 가열하면
트랜스지방이 생겨.

불쾌한 기름 냄새가 나거나
맛이 변하는 건 기름이 공기와
반응해 산패하기 때문인데,

이것도 재가열이 문제라기보단
조리 후 시간이 지나는 게 문제야.

이거 암만 봐도
'다시 데워 먹지 말자'가 아니고
'식히지 말자'고 해야
하는 거 아니냐?

글쎄…

4. 조리된 밥이나 감자를 상온에 오래 두면
바실루스균 같은 박테리아가 급격히 번식해
식중독을 유발할 수 있습니다.

야…

이젠 아예 '다시 데운다'는
표현이 나오지도 않아.

……

끓였던 물을 또 끓이면 안 되는 이유!

물이 끓을 때 눈에 보이지 않는 화학적인 변화가 함께 일어납니다.
물을 여러 번 끓이면 산소 농도가 달라지고 비소·질산염·불소
같은 유독한 성분이 생길 수 있습니다!! 그러니 지금부터라도 끓이고
남은 물은 식혀서 화분에 주는 습관을 들이면 어떨까요.

유사과학 탐구영역

59. 핵산

이 만화는 특정 기업이나 상품을 특정하여 서술하거나 묘사하지 않습니다.

핵산, 핵산 식품,

핵산 영양제….

…

핵산 영양제는 대체 뭐야?

핵산 모르세요?

요즘 엄청 중요한
영양소로 각광받고
있다구요!!

음식으로 꼭 먹어야 할
제7의 영양소라는
말까지 있을 정도니까요!!

핵산은 세포 재생력과
치유력을 높여줘서
충분히 섭취하면 노화도
늦출 수 있대요!!

내가 아는 핵산이 아닌가?
핵산을 음식으로
섭취한다고??

질병의 95퍼센트는
활성산소가 원인인 것
아시죠?

예? 예? 예? 예? 예?

박테리아 바이러스 균류 기생충 유해/교란물질

활성산소가 세포 안의
DNA를 공격해 파괴해서
질병으로 발전하는데,

핵산은 파괴된 DNA를 다시 복구하고
항산화 작용을 하기 때문에
질병을 근본적으로 막아주죠!

유전자의 근본 물질인 핵산은
20세가 넘으면 자연 합성률이 떨어져
음식으로 먹어야 된대요!

이런 중요한 사실은
최근에서야 밝혀졌고,
옛날 영양학에선 핵산이
필수영양소가 아니라고
여겼다네요!

야, 잠깐, 잠깐.
핵산이 내가 아는
그 DNA 말하는 거냐??

예?

아니…, DNA를
회복시키는 필수영양소가
핵산이죠!

뭐… 인산, 리보오스,
그리고 퓨린이나 피리미딘 염기로
분해되어서 흡수·배출되지.

그럼 섭취한
핵산들은 어떻게 되나요?

퓨린?

어디서
들어봤는데….

최종적으로 요산으로
대사되기 때문에,

통풍의 원인이기도 한
바로 그 퓨린 말이지.

?!

게다가 요즘 건강기능식품답게
항산화랑 재생력·면역력은 또
기본으로 달고 나왔구먼?

그래도 유전자를
재생하는 데에
필요하지 않아요?

봐라.

근데 문제는
복제할 때
생겼어.

문제?

DNA를 복제할 때
이렇게 복제기구가
죽 밀면서 올라가는데…,

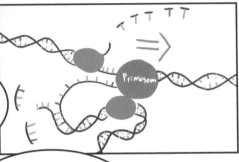

Primosom

DNA가 꼬여 있잖아.
전화선 같이 꼬인 줄을 잡고
죽 땡기면 어떻게 되지?

아….

그래, 꼬임이 점점
밀리다가 엉키거나
부서지겠지.

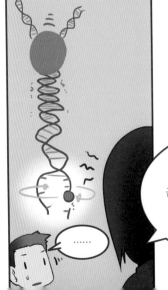

그래서 나온
궁여지책이, DNA 끝을
끊어서 꼬이는 게 엉킬 때마다
계속 꼬인 방향으로 돌려
풀어주는 거야.

……

혹시 생명의 설계자가 정말 있다면
일을 이렇게밖에 처리 못하냐고
가서 따져야 되는 부분이다.

그리고 텔로미어 문제도 있지.

텔로미어! 들어본 적 있다!

와! 텔로미어! 생로병사의 비밀!

그게 왜 생로병사의 비밀인지는 아냐?

무슨… DNA 끝에 붙은 텔로미어가 점점 줄어들어서 노화가 일어난다고….

그게 왜 그렇게 되느냐 하면….

좀 단순하게 말해서 DNA를 복제할 때 복제기구가 끝에 다다르면,

마지막 서열 조각입니다~.

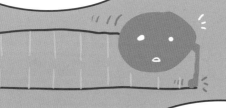

지연가닥 3'

자기 있던 부분은 생각도 안 하고, 그냥 '일 끝났다~' 이러면서 복제를 끝내버리거든.

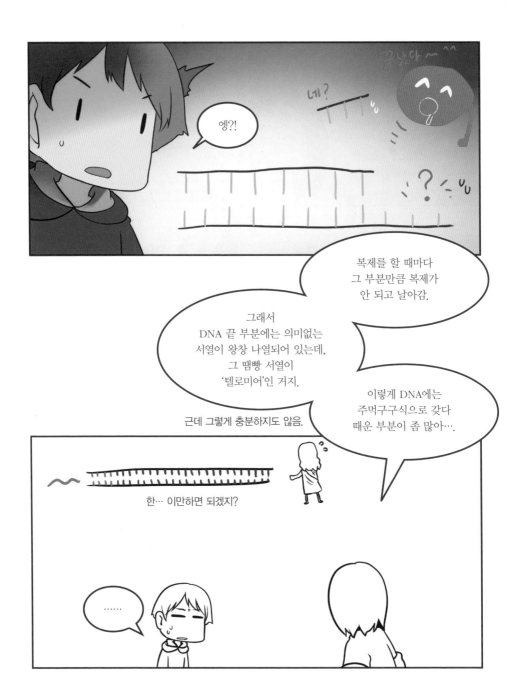

『은하수를 여행하는 히치하이커를 위한 안내서』라는 소설에는 이런 장면이 나온다.
먼 미래, 우주를 얼마든지 여행할 수 있는 초광속 기술이 발전한 시대,
우주의 끝에 있는 마지막 행성에 창조주가 피조물들에게 보내는
마지막 메시지가 있다고 전해진다. 등장인물들은 마침내 그 행성을 찾아내고,
창조주가 마지막으로 남긴 메시지는….

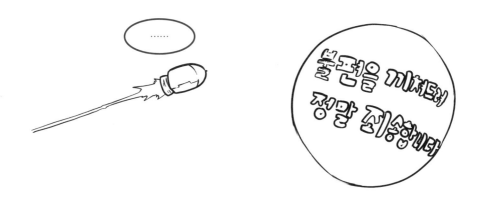

유사과학 탐구영역

60. 인수구의 그림자

올 여름도 어김없이 도착!

서해안에 인접한 한적한 마을…!

인수구(口) 마을!!

매년 생물교육과가 임해생태 실습을 위해 오는 바닷가 마을!

Insu's Mouth

딱히 이름난 관광지도 아니기 때문에 한적하고 숙박비도 싸고 생태조사에 방해도 안 받고!

그야말로 숨은 피서 명소라고도 할 수 있는 이곳!

매년 사전답사라는 명목으로 미리 와서 단체 숙소만 잡아놓으면,

나머지 시간은 전부 프리! 이 맛에 귀찮아도 과대표하고 그러는 거죠!

교통비 빼면 노는 데엔 전부 내 돈이 나가기는 하지만서도….

하…, 정말 좋은 곳이긴 한데….

?

매번 올 때마다 저렇게 안 어울리는 커다랗고 번쩍번쩍한 건물이 자꾸 들어서는구먼.

부동산 투자 명소가 된 건가, 아니면 재개발이 시작되는 건가….

으음….

뭐… 저희들이야 정겨운 마을이 그대로 남아주면 좋겠지만,

여기 사는 사람들한테는 이렇게 개발되는 게 더 좋은 일일 수도 있겠죠.

아무튼!!

생태조사를 할 때는 채집한 조개를 모두 무슨 종인지 분류하고 보존해야 한다. 만에 하나 신종이라도 발견 되는 경우엔 진짜 여러모로 골치 아파짐.

모처럼 여유를 좀
만끽하나 했는데….

으….

우산도 없고…,
이거 어떻게 해야 되나.

그럴 때
이 상품!

이 우산의 효능은
비를 막아주고
원적외선이 나오며
음이온이….

**아니,
깜짝이야!!!!**

그야말로
핵우산.

**아무 데서나
불쑥불쑥 튀어나오지 좀
마쇼!!**

그리고 그놈의 효능…,
우산 하나 파는데도
효능 안 붙이면 아예
장사를 못해요?

하나를 팔아도
고객에게 더 많은 만족감을
주는 게 마케팅이지.

에라이….

난 지금부터
강원도 공장에 물건 받으러
가야 한다네~.

원래 숙박업을 하셨나요?

아뇨, 그게….

원래 저희 아버지는 보건소에서 일하시는 의사셨는데,

어느 날 갑자기 '보건소 때려친다!' 이러시면서 좀 얄딱구리한 물건들을 팔고 다니기 시작하시더니만,

돈을 엄청 벌어 오시더라구요. 그러곤 저렇게 뜬금없이 엄청 큰 모텔을 지어버리신 거예요.

혹시…

그 아버님이 이분이신가요?

예? 아뇨. 저희 아버지는…

타이밍 좋게 여기저기서 나타나고, 왼갖 직업을 다 가진 잡상인 할아범….

어쩌면 정말 한 명이 아니고 여러 명일 수도 있지 않을까?

그 할아범이 얘기하고 다니던 책과 뭔가의 관련이 있다고 한다면….

아니, 아무리 그래도…!!

부우웅

그렇게 판타지 같은 일이 있을 리가….

두 둥!

?!

안 되겠다. 걸어서라도 이 마을에서 나가자!!

예, 그게 맞는 것 같아요. 아까 우산 팔던 잡상인,

여기 아버지도 잡상인, 그리고 그냥 길거리의 자동차에도 잡상인!!

…?!

으억?!

ㅇㅇㅇㅇㅇ아아아아아아아아아아아아!!

도망치는 놈은 잡상인이고!!!!!
안 도망치는 놈은
훈련된 잡상인이다아아아아아!!

4권에서 계속…!

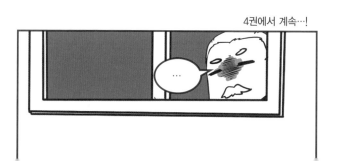

끝까지 읽어주신 여러분 안녕하세요, 계란계란입니다! 이번에도 이 책을 골라주셔서 감사합니다. 어느덧 『유사과학 탐구영역』이 3권째입니다. 처음 이 만화를 기획할 때는 시즌3까지 대략 3권 분량, 60화 정도의 이야기를 만들 수 있을 거라고 생각했습니다. 60화 정도나 그리고 나면 세간에 퍼져 있는 유사과학을 대부분 다룰 수 있으리라 생각했고, 또 만화에 쓸 소재도 더 이상 없을 거라고 생각했거든요. 그런데 정신을 차려보니, 시즌4 61~80화의 연재를 준비하고 있는 제 자신을 발견하게 되었습니다…(4권도 기대해주세요!).

정말 끊이지 않고 계속해서 유사과학 소재가 튀어나오고 있습니다. 산소를 넣어 취기가 빨리 깬다는 소주같이 약간 이상한 이야기부터, 예방접종에 관련된 심각한 이야기까지 말입니다. 유산균 붐이 일자, 망둥이가 뛰니 꼴뚜기가 따라 뛰는 것처럼 엉뚱하게 청국장에서 유산균을 운운하기도 하고요. 블루솔라워터처럼 오늘날까지 꾸준히 살아남은 주술적 믿음도 있습니다. 하루가 멀다 하고 수많은 유사과학 상품이 샘솟는 지금의 세태에, 만화가로서 소재가 끊이지 않음에 기뻐해야 할지, 아니면 과학도로서 거짓 정보와 상술의 범람을 씁쓸해해야 할지, 참 난감하기 그지없습니다.

이런 혼란스러운 시기에 이 책이 조금이라도 도움이 되어드릴 수 있다면 기쁠 것 같습니다. 『유사과학 탐구영역』 3권을 선택해주셔서 다시 한 번 감사합니다!

유사과학 탐구영역 3

2019년 9월 23일 초판 1쇄 펴냄
2024년 5월 17일 초판 3쇄 펴냄

지은이 계란계란

펴낸이 정종주 | 편집주간 박윤선 | 마케팅 김창덕 | 펴낸곳 도서출판 뿌리와이파리
등록번호 제10-2201호(2001년 8월 21일) | 주소 서울시 마포구 월드컵로 128-4 2층
전화 02)324-2142~3 | 전송 02)324-2150 | 전자우편 puripari@hanmail.net

디자인 공중정원, 이경란 | 종이 화인페이퍼 | 인쇄 및 제본 영신사 | 라미네이팅 금성산업

© 계란계란, 2019

값 16,000원
ISBN 978-89-6462-125-7 (04400), 978-89-6462-728-0 (SET)